江苏理工学院优秀学术著作出版资助基金
江苏省教育科学“十三五”规划2018年度课题（B-a/2018/03/04）
江苏高校哲学社会科学研究资助项目（项目编号：2013SJB880029）
江苏省2016年度高校“青蓝工程”（编号：KYQ16013）

儿童心理理论的发展

——心理状态术语的视角

张长英 著

汕頭大學出版社

图书在版编目（CIP）数据

儿童心理理论的发展：心理状态术语的视角 / 张长英著 . —汕头：汕头大学出版社，2018.12

ISBN 978-7-5658-3023-5

Ⅰ . ①儿　Ⅱ . ①张　Ⅲ . ①儿童心理学　理论研究

Ⅳ . ① B844.1

中国版本图书馆 CIP 数据核字（2018）第 292518 号

儿童心理理论的发展：心理状态术语的视角

ERTONG XINLI LILUN DE FAZHAN ：XINLI ZHUANGTAI SHUYU DE SHIJIAO

著　　者：张长英

责任编辑：汪艳蕾

责任技编：黄东生

封面设计：汤　丽

出版发行：汕头大学出版社

广东省汕头市大学路 243 号汕头大学校园内　邮政编码：515063

电　　话：0754-82904613

印　　刷：北京虎彩文化传播有限公司

开　　本：787mm × 1092mm　1/16

印　　张：14

字　　数：200 千字

版　　次：2018 年 12 月第 1 版

印　　次：2019 年 3 月第 1 次印刷

定　　价：49.00 元

ISBN 978-7-5658-3023-5

前　言

我已经忘掉了想要说的话，

而我的思维，

由于没有具体化，

回到了隐蔽的王国。

——［俄］O. 曼德尔施塔姆

在过去的30多年里，儿童心理理论（theory of mind，ToM）研究已成为发展心理学最活跃的研究领域之一。而错误信念理解在儿童心理理论的众多研究主题中又占有绝对优势，如意外转移任务、意外内容任务等经典错误信念任务，也成为衡量儿童是否获得心理理论的某种“石蕊检验剂”。

目前儿童错误信念研究主要关注儿童错误信念发展的差异、导致差异产生的影响因素等方面，尤其儿童的语言能力本身和语言环境已成为关注的重点（Astington，2001；De Villiers，2000，2003；Shatz，1994）。语言是个体表征客观世界的媒介，是组织知识系统和自我认知结构的重要载体，又是个体表达思想、与他人沟通和顺利进行社会交往必不可少的工具之一。而关注反映心理世界的心理状态术语可以有助于探测儿童理解别人想法与思想的发展过程（Schwanenflugel，1998）。有些研究者（Jenkins、Astington，1996；Meins et al.，2002；Ruffman、Slade、Crowe，2002）已开始关注心理状态术语对错误信念理解的影响，并指出心理状态术语是学习者进行社会理解的脚手架，它会促使学习者关注以前忽略的或看不见的想法和信念（Gopnik、Meltzoff，1997）。

本书关注心理状态术语主要有以下一些原因：第一，心理状态术语是一种在外界不具有任何具体形式的看不见的抽象词语。由上所述，这类词语又是儿童自身对心理状态外显化的载体，若没有用来表述心理状态的词汇，儿童就不能表现出心理理论任务的知识，也不可能和他人交流有关感受、愿望、信念等信息（Nielsen、Dissanayake，2000）。因此，通过心理状态术语与错误信念理解关系的研究，可为语言与思维之间的关系提供一些实证资料。第二，心理状态术语不仅具有指向心理状态的语义作用，而且具有极好的语用价值，为谈话中涉及不同视角提供了极好的外显平台，向谈话双方传达了他人的想法与愿望，为儿童学会换位思考、理解他人提供了脚手架。如“我觉得这个小狗不好看”“我也觉得不好看”。第三，在不同的语言中有特定的心理状态术语。如在葡萄牙语中，有两个不同的相当于英语动词“知道”的词语，而在汉语中，有一个明确标示“错误地想”的词语——“以为”，这样的标示词是否会影响儿童的错误信念理解？这方面的研究可使我们进一步考察语言与思维之间的交互作用。目前国内这方面的研究为数尚少。在少量的研究中还存在研究结果不一致的地方，这种研究不一致又进一步激起我们探究的欲望。

在汉语儿童的叙述话语中，心理状态术语产生的数量多吗？这种术语产生的数量多少是否与儿童心理理论发展有关？它们之间关系的发展轨迹又是怎样？不同的心理状态术语的使用是否与儿童心理理论发展有关？不同形式的心理状态术语训练能否促进心理理论发展？这些问题皆是本书需要探讨的内容。

对心理状态术语与儿童心理理论发展的关系进行全面考察，具有一定的理论意义和现实意义。

在理论意义上，首先，思维和语言是人类得天独厚的能力，是人类的骄傲。自古希腊以来，人们就开始对思维和语言的关系进行大胆的探索和研究，这个问题直到现在仍然是哲学、心理学、语言学等许多学科领域的专家感兴趣却又悬而未决的问题。作为儿童认知发展领域的研究核心——心理理论研究，可揭示个体社会认知发生和发展的机制。语言作为符号系统和交际工具成为人的心理活动的工具，改变并重新组织人类心理活动的功能（Vygotsky，1934）。随着儿童语言的发展，其心理理论能力也不断变化。狭义的心理理论能力获得的典型的指标是通过错误信念理解任务，儿童要完成这些任务，就必须具有一定的语言能力，特别是对心理状态术语的理解（丁国旺、任太艳、宋正国，2005）。本书通过对心理状态术语与错误信念理解能力的关系探讨，从而为揭示语言与思维的关系提供一些事实资料。其次，进一步明晰相关术语的概念界定。在心理学科研究领域，经常出现概念内涵不清、使用混乱的状况。心理理论与语言的研究领域也是如此，如“心理状态术语”这一概念，不同的研究团队称呼也不尽相同。本书拟通过对以往文献的梳理，进一步明晰相关概念界定，为心理理论大厦的建构添砖加瓦，为以后的研究提供理论基础和丰富的现实素材。再次，充实心理理论的研究内容与理论体系。在儿童心理理论研究领域中，几乎每个问题都存在着分歧和矛盾。不同的研究途径会得到不同的研究结果，语言与心理理论关系的研究更是如此。已有研究得到的结论也不尽相同。本研究采用3—5岁汉语儿童为被试，以语言的一个方面——心理状态术语来探讨其与错误信念理解及基于信念－情绪之间的关系，可以从汉语的角度进一步丰富语言与心理理论的研究内容，也能够为儿童心理理论获得与发展的心理机制的理论解释之一——Carpendale 和 Lewis 的建构主义理论提供支持。该理论的基础假设是，心理理论形成于社会互动中进行的积极理论建构，而不是被动地适应心理主义式的解释（邓赐平，2008）。

在实践意义上，首先，从发展和教育的实践来看，可为家长、儿童教育工作者提供具体有效的指导。明晰心理状态术语与错误信念理解之间的关系对于我们在教育实践中培养儿童心理理论具有一定的指导意义，从而有助于儿童更好地适应社会生活，促进儿童亲社会行为的发展。因为人是群居动物，人只有在人群中才获得生存的意义，而在日常人际交往中，我们总是需要推测他人的心理状态、推知他人的意图和信念，并以此来预测人们的行为。因此，如果儿童提高了对他人心理状态的认识水平，就可以理解人与人之间的不同观点、偏见、信念、欺骗等心理状态，以便更准确地预测他人的行为，从而有助于儿童更好地适应环境，在日常生活中与他人进行良好的互动，促进儿童合作、分享等亲社会行为。其次，从临床实践来看，对心理状态术语和错误信念理解关系的了解，可以为特殊儿童（如自闭症）出现的病变和异常提供理论的解释和可能的帮助，有助于指导我们更好地干预实践。

目　录

第一章　儿童心理理论研究概述

近 30 年来，儿童心理理论研究已成为发展心理学领域最活跃的研究主题之一，而错误信念理解也几乎成为衡量儿童是否获得心理理论的某种“石蕊检验剂”。

第一节　心理理论的概念及研究范式

1983 年，Wimmer 和 Perner 率先采用“错误信念”（false belief）研究了心理理论之后，各种相关的研究蓬勃开展起来。“心理理论”一词的涵义也随之更加丰富，研究范式也不断演进。

一、心理理论的概念

心理理论这一概念始于 Premack 和 Woodruff（1978）的一篇具有里程碑意义的文章，在这篇文章中作者指出心理理论是指推测他人心理状态的能力。尽管他们的实验结果受到很多学者的质疑，但却激起了发展心理学家研究的极大兴趣。目前在发展心理学研究领域中，对心理理论概念主要从广义和狭义层面加以理解。就狭义的心理理论而言，目前比较一致的界定是指个体对自己和他人心理状态（如感知、意图、愿望、信念等）的理解，并由此预测和解释他人的行为（Astington，1991）。这个概念关键有两点：

首先，个体要明白其他个体的心理状态。其次，个体可以利用这种对心理状态的理解来解释和预测其他个体的行为。简言之，心理理论是想他人所想，预测他人所为。而广义的心理理论泛指任何发端于婴儿阶段与心理有关的知识（Flavell、Miller、Miller，1993），例如注视跟随、早期对他人意图的理解等。

错误信念理解是心理理论研究中一个重要概念，它是指个体对他人不拥有正确知识前提下的错误信念状态的认识，并以此预测和解释他人的心理或行为。如外面在下雨，小明认为外面是晴天，就可以推测他出门不带雨伞。错误信念理解的内涵和心理理论的内涵密不可分。

而过去的20多年里，错误信念理解研究几乎是狭义心理理论研究的代名词，错误信念是心理状态理解的毫不质疑的标示（Perner，1991），错误信念任务也被视为儿童是否拥有心理理论能力的“石蕊检验剂”。Wellman、Cross 和 Watson （2001）的元分析研究也证明了错误信念理解在儿童心理理论发展中具有重要地位。当然，这种从单一的错误信念理解能力来推论儿童是否具有理解别人的心理状态能力确实存在偏颇之处，以致造成一些学者提出了抛弃错误信念任务范式（Blooma、German，2000）。

二、儿童心理理论研究范式

（一）经典研究范式及语言因素

1. 一级错误信念任务范式

在评估儿童的信念理解中，常用的经典研究范式是一级错误信念理解任务范式，其设计者是 Wimmer 和 Perner（1983），主要包含三项经典的研究任务。

第一，意外地点转移任务（location transferred task）。在这项研究中，实验者向被试讲一个故事，故事中有两个主人公，一位主人公 A 将一物品放到一个地方（如碗橱里），而在他离开的时间里，另外一个主人公 B 将这一物品放到了另外一个地方，而主人公 A 并不会看到物品已转移到另一个地方，所以当他或她回来时，仍然觉得物品还放在原来的地方。故事讲完后，要求儿童述说主人公将会去哪里寻找这个物品——去新位置还是老位置（Wimmer、Perner，1983）。实验结果显示，4岁以下的儿童一致地认为即使主人公A没有看到地点的变换，他们也会到新地点找东西。

第二，意外内容任务（unexpected content task）。儿童在熟悉的盒子（如糖果盒）中发现一些意外的东西（如铅笔），让儿童面对意外发现回答以下问题：（1）他们还没有打开盒子前，觉得盒子里会是什么东西；（2）别人在第一次看到这个盒子的时候，会觉得里面装着什么东西（Gopnik、Astington，1988；Perner、Leekam、Wimmer，1987）。当问到儿童起初对盒子里面内容的想法时，大多数4岁以下的儿童指出盒子里就是笔；当要他们预测别人的想法时，他们说别人也知道这里面是笔。

第三，外表-事实区分任务。该任务是先呈现一个外表和事实不相符的物品，如形状和颜色貌似石头的海绵，让儿童仔细观察，发现物品到底是什么，然后问儿童这个物品实际上是什么；在没有触摸前，第一眼看上去像什么（Flavell，1986）。

三项任务都揭示一个事实，尽管3岁儿童已经知道了真实事件或物体，但要儿童去判断主人公想法或行为时，他们仍然给出了错误结论。也就是说，4岁以下的儿童很难推测自己和他人的错误信念。

2. 二级错误信念任务范式

二级错误信念任务范式是从一级错误信念任务范式的基础上发展而来的。Perner和Wimmer（1985）首先设计了二级错误信念任务范式测量较大儿童的心理理论水平，这个任务被称为“冰淇淋的故事”。在故事中，有两个名叫约翰和玛丽的儿童到公园去玩，玛丽想买冰淇淋，但没有带钱，感到很难过，卖冰淇淋的叔叔对她说：“别难过，你可以回家取钱，我在这里等你。”玛丽回家去取钱，约翰仍然在公园里玩，后来卖冰淇淋叔叔到了别的地方去卖冰淇淋，约翰和玛丽都知道了这种情况，但他们之间不知道彼此都知道了这种情况。要求被试听完故事后回答：“约翰认为玛丽会去哪儿买冰淇淋？”研究结果发现，7岁的儿童才具有这种二级错误信念任务理解能力。

Sullivan 等人（1994）对 Perner 和 Wimmer 的研究范式进行了修订，降低了故事的难度，设计了新的二级错误信念理解任务——“生日礼物”故事。在故事中，一个名叫皮特的男孩，一直想要一只小狗。在他生日的那一天，妈妈给他买了一只小狗作为生日礼物，但妈妈想要给皮特一个惊喜，就将小狗藏到了地下室。她告诉皮特没有给他买小狗，而是给他买了一个大玩具。皮特在去地下室拿他的溜冰鞋时，发现了这只小狗，并想到是妈妈送给了他的惊喜。妈妈并不知道皮特已经知道了这个礼物。奶奶打电话给妈妈说：“皮特以为你给他买了什么生日礼物？”时，妈妈会怎样回答奶奶？（二级错误信念问题）为什么这样说？（说明理由问题）

Sullivan 等人（1994）研究结果发现，4 岁 8 个月的儿童几乎有一半能理解二级错误信念，6 岁儿童几乎都能理解二级错误信念。

3. 经典研究范式中的语言因素

一些学者（Onishi、Baillargeon，2005；Surian、Caldi、Sperber，2007）提出经典研究范式可能低估了儿童的错误信念理解能力，可能 3 岁甚至更小的儿童都具有了错误信念理解能力。于是研究者采用各种各样的实验操作，从不同程度修正标准错误信念。

有些研究者（于洋，2006；Gopnik、Astington，1988；Lewis、Osborne，1990）修改问题的提问方式，问句中标示出时间先后顺序，使问句没有歧义。问句由“主人公回来了，到哪里找他的东西”改为“主人公回来了，先到哪里找他的东西”或“第一次去哪里去找”。在这种提问方式下，发现 3 岁儿童的错误信念理解水平在机遇水平之上。还有研究者（Lewis，1994）给儿童讲完故事后，先让儿童对某个错误信念故事成分进行复述，然后再让儿童回答问题，这种简单操作提高了错误信念理解成绩。

但是，也有些研究者（Avisd、Harris，1991；Callaghan、Rochat、Lillard，2005；Vinden，1999，2002）采用实际表演的方式（如在现实生活中欺骗对手），研究结果表明 3 岁儿童的错误信念理解成绩仍然在机遇水平以下。甚至一些研究者（Call、Tomasello，2013；Plaut、Karmiloff-

Smith，2003）采用非言语任务范式进行测试，儿童的表现并不比标准任务表现得好。4—5 岁儿童通过错误信念理解的规律仍稳定不变（Miller，2006）。总之，儿童对这种与现实相冲突的信念表征理解的研究结果，需要进一步去探查。

（二）其他研究范式

Milligan、Astington 和 Dack（2007）在对 104 篇文章的元分析中指出，要想更好地探测儿童心理理论的发展应使用多任务范式。除了经典任务范式之外，儿童心理理论研究范式还包括基于信念－情绪任务、失言理解任务、思想泡技术等。

1. 基于愿望或信念－情绪理解研究范式

儿童对不同层次情绪状态的理解发展存在一个过程。2 岁儿童可以通过面部表情辨别基本的情绪状态，在 3—7 岁时可以将情绪与行为联系起来，理解不同的愿望会带来不同的情绪状态。这时，儿童对情绪的理解一般包括理解基于愿望的情绪，即儿童的愿望是否得到满足会带来一定的积极或消极情绪，如一个孩子想要一个芭比娃娃作为生日礼物，但父母却买了一只玩具熊，这个孩子会因为失望而难过。3 岁可能是儿童获得基于愿望的情绪理解能力的关键期（李佳、苏彦捷，2004）。

另外一种是基于信念的情绪，即由于某种信念的原因而产生相应的情绪。儿童对基于信念的情绪理解能力晚于错误信念理解能力的出现，4—6 岁的儿童才开始逐渐理解基于信念的情绪。4 岁是基于信念的情绪理解能力发展的关键期（陈璟、李红，2008）。所谓基于信念的情绪，即一个人产生的某种情绪可能是基于信念，而哪怕这种信念是错误的。例如，一个人认为喝的是苹果汁，而实际上是橙汁，但仅从瓶子外表看不出什么。他认为是苹果汁，那么在喝苹果汁之前的情绪就是基于信念的情绪，喝了之后的情绪和之前的情绪是不同的。若这个人不喜欢橙汁，就会很失望，表现出不开心的情绪。Harris 等人（1989）最早在错误信念理解实验中考察了儿童对基于信念的情绪理解。基于信念－情绪归因任务（Harris et al.,

1989；Pons、Harris、De Rosnay，2003）范式是先让儿童听故事，然后让儿童预测主人公在持有错误信念情况下的情绪状态。儿童必须站在主人公的立场去评估主人公当时的情绪，评估需要依据主人公当时的想法，而不依据现实情况。考察的问题比较简单：（主人公）感觉怎样？例如：童话故事《小红帽》中，当给儿童讲完这个故事后，询问儿童当小红帽来到外婆门前敲门时，她害怕吗？或边讲故事边提问儿童基于愿望或信念引起的情绪。

当然，这种研究范式由于在测试中需要儿童使用大量的语言加工，这使得故事测验任务测查到的心理理论能力，可能与实际的心理理解能力之间存在一定的差距。

2. 失言理解任务范式

“失言识别任务（faux pas recognition）”研究范式是由 Valerie E. Stone 首先提出。这种研究范式是为了测查 7—11 岁儿童的心理理论水平。Baron-Cohen 等人（1999）初步发现失言识别任务能够有效测量儿童的心理理论水平，他们为失言情境下了一个操作性定义：说话者的言语内容可能是听话者不希望知道的，并且产生了说话者不希望得到的消极后果。

在 Stone 等人设计的任务中，共有 20 个故事，其中包括 10 个失言情境下的故事，10 个无失言情境的控制故事。给被试随机呈现 20 个故事，每个故事后附有 8 个问题：1 ～ 4 是失言问题，5、6 两个问题主要考察对移情的理解，其余 2 个是控制问题。

例如，Jeanette 买了一个水晶碗送给朋友 Anne 作为结婚礼物。Anne 的婚礼盛大，收到了许多礼物。大概一年后，Jeanette 在 Anne 家吃晚饭。她不小心把一个酒瓶掉在了水晶碗上，水晶碗碎了。“非常抱歉，我把碗打碎了。”Jeanette 说。“没关系，”Anne 回答，“我根本不喜欢那个碗。那是别人给我的结婚礼物。”

在呈现完故事后，主试提问被试：（1）是否有人说了不该说的话？（该问题考察对失言情境的觉察能力）（2）谁说了不该说的话？（考察对失言情境的理解）（3）为什么她们不该说？（要求理解听话者的心理状态）（4）

她们为什么会这么说?（要求理解说话者的心理状态）（5）Anne 记得那个水晶碗是 Jeanette 送的吗?（行为故意性的理解）（6）你认为 Jeanette 会有怎样的感受?（对移情的考察）

还有两道题是控制问题，考察儿童对故事的理解。要想完成对失言行为的识别，需要理解故事中人物的信念或知识的心理状态，也要理解行为的故意性，还需要知晓角色的感受并发生移情（刘希平、安晓娟，2010）。

失言识别任务具有测试范围广、标准化程度较高、可对心理理论不同层面进行了解等方面的优点（刘希平、安晓娟，2010）。但失言识别任务也存在一定的弊端，例如，没有效度指标，仅有评分者内部一致性信度，且对被试的语言理解能力要求较高，还没有将相应内容根据中国文化背景本土化。

3. 矩阵博弈范式

决策博弈（Game of Decision Making）是经济学领域的主要研究手段，是行为决策研究中经常使用的方法。这种方法为研究较大儿童或成人对他人心理状态的理解提供了新的思路（李晶、刘希平，2010）。

这种决策博弈一般包括博弈者、所有可能的结果和各个博弈者在所有可能结果下得到的奖励值三部分组成。比较经典的决策游戏有选美竞赛（P-Beauty Contest）、投资博弈（Investment Game）和囚徒困境（Prison Dilemma）等项目。在决策的过程中，每一个参与博弈的人的决策都会影响到其他参与者的选择。因此，个体为了赢取最大的利益，就需要对行为决策进行推测，根据他人可能的决策来选择和调整自己的决策方式。这种猜测是多重交互的，最终获益最多的人应该是能够进行多重猜测、并且对对手的水平进行准确判断的人。这种决策游戏可以通过直接的认知测量推断思考的等级，从而说明心理理论推理的等级（莫书亮，2014）。Rachelle（2009）采用了博弈研究范式探讨了 4—8 岁儿童心理理论的发展，研究结果发现 8 岁儿童能意识到更多的行为线索所带来的信息，并成功通过测试。Li、Liu 和 Zhu（2011，2014）采用博弈研究范式研究青少年心理理论能力的灵活性并探究了在游戏的过程中对手的心理理论水平变化是否能够促进个体心理理论推理能力的发展，研究结果证实了博弈游戏能够促进个体心理理论的发展，这种决策博弈也是检验较高层次心理理论水平的有效手段。

采用决策博弈研究范式具有一定的可行性：这种研究范式更客观、有趣；博弈情境中对结果的反应上较少依赖于语言能力的发展，这也为尽可能排除语言能力对实验结果的干扰提供了可能；此外，把心理理论研究的路线，从单纯关注与儿童社会化成长相关的研究思路，拓展到与智力活动息息相关的决策活动中（李晶、刘希平，2010）。当然，未来的研究可考察心理理论思维成分的应该具备什么样的特征，从而形成类似“错误信念任务”那样标准化的矩阵博弈结构。

第二节　儿童心理理论的理论基础

为了解释儿童心理理论的产生和发展，研究者站在不同的视角提出了不同的理论，主要包括理论论、模仿论、模块论、社会建构论等理论。

一、理论论

理论论（Theory Theory）认为儿童对心理状态的理解是一个理论建构的过程，逐渐形成一个像理论一样抽象的、连贯的因果解释系统，并根据这种理论去解释和预测人的想法和行为，这种“理论”不是抽象的科学理论，而是基于日常的“基础的”或“框架的”理论，代表人物是 Perner 和 Wellman。儿童预先没有关于自己心理状态的知识，而是通过建构发展成一套解释自己或他人心理状态的心理理论，建构的过程是依赖于儿童与环境相互作用而产生的一种质变的过程。儿童期主要经历三个阶段：愿望心理（大约在 2 岁获得）、愿望 – 信念心理（3 岁）、信念 – 愿望心理（4 岁）。4 岁儿童意识到了仅仅依靠愿望来推测他人心理状态是不够的，还要加入信念等要素，而这个信念可能是正确的，也可能是错误的。

但是，关于一种理论的“内容”是什么？持有理论论的学者们观点不一致。Perner（1999）认为表征概念的获得在儿童心理理论形成中起着十分重要的作用，一旦儿童认识到了表征解释机制，他们就拥有了心理理论。如果3岁儿童缺乏元表征的洞察，那么他们应该在获得表征的理解任务上都失败，他们的困难应不仅限于那些涉及心理状态理解的任务上。对于Wellman来说，理论的“内容”就是心理状态，儿童用来预测和解释行动的理论框架核心是心理状态的理解，一种成熟的心理理论是通过开始把信念理解为表征，并能在“信念–愿望心理”中适当地应用他们而标志出来的。

当然，应该承认，理论论相对模仿论和模块论来说是一个全面和系统的理论（熊哲宏、李其维，2001）。若理论论能清晰解释一种理论的内容所指，更深入揭示儿童心理理论发展机制等问题，就是一种更成熟的理论。

二、模仿论

模仿论（Simulation Theory）是专门针对理论论中“一种理论构成日常心理能力的核心”这一假设提出来的，主要代表人物是Harris、Gordon和Goldman。Goldman（2007）指出儿童交往就是“将自己放在别人的鞋子里”，设身处地地模仿或想象他人的内在过程，从而对其行为做出身临其境的解释和预测。模仿论者认为儿童交往不是以“理论”为基础，而是以模仿或移情为基础的，首先通过内省来认识自己的心理状态，然后通过学会换位思考，从而体验他人的心理活动或状态。

模仿论杰出代表Harris（1992）描述了一种“模拟机制”，他指出儿童对他人心理状态认识部分来自假装游戏。在2岁到2岁半期间，假装出现，儿童开始利用他们的想象赋予玩具娃娃以愿望、情绪和感觉。这种想象能力产生了在线模拟他人的信念和愿望的极大力量。随着儿童想象能力的提高，不断准确的模拟能力提高，他们能够模拟或想象到别人不可能知道的事情，能够预测别人错误的行为。因此，到 4 岁时，他们能通过“错误信念”的标准测验。Gordon（2002）指出“只有那些能完成假装游戏的儿童才能把握信念概念”，他称这种能力为“实践推理”。该理论强调儿童与后天环境的建构过程，心理状态的模仿能力需要在社会性情境中不断加以锻炼才能变得精确化，即越能为儿童的心智化模仿提供各种不同情境的检验机会，就越能使其心理理论变得更复杂、更精确化。

三、模块论

模块论（Modularity Theory）关注的是儿童心理理论的起源问题，强调心理机能的天赋性和领域特殊性，代表人物是 Leslie 和 Baron-Cohen。该理论认为儿童心理理论是一种天赋能力，个体一出生心理理论就以模块的形式存在于个体的神经系统中，其发展是内部生物机能逐渐展露的过程，经验只不过仅仅起着生理成熟期间的一种触发作用。Leslie（1994）经过长期对自闭症儿童的研究，提出了个体发展中的两个模块：心理理论机制模块和选择处理器模块。Cohen 等人（1999）还提出更为具体的发展模块：意图觉察器、视觉方向觉察器和共同注意机制。前两者在婴儿一出生就有，后者在婴儿 10 ～ 12 个月时产生。

Astington（1993）指出，这些模块以一种精确的方式限制了发展的轨迹。个人的经验也许会触发模块的运行，但不能改变模块本身。如果撇开个人经验的差异性，我们可以认为全世界儿童的发展水平是一样的。由于儿童具有一种适当发展了的“选择处理器”，使其能从事像抑制各种习惯性反应那样的“执行功能（execuitve focnitosn）”。在错误信念任务中，正是“选择处理器”的逐渐增强，儿童能够抑制他们自己对客体实际上位于何处的知识，以便准确地报告他人的错误信念，从而导致了 3 和 4 岁儿童的心理理论能力之间出现明显差异。于是，Leslie（1994）得出结论，就 3 岁儿童的“心理理论机制”来说，并没有什么本质上错误的东西。

模块论是解释心理理论机制的最有效理论之一，但模块论的许多主张仍然停留在假设层面，一些具体的问题还需要进一步深入研究，如儿童何时及如何展现出错误信念归因能力？“选择处理器”怎么对心理理论发展产生影响？模块论与理论论、模仿论之争就是传统的天赋论和环境论之争。在这场争论中，模块论更多借助新兴的认知神经科学等研究成果，而理论论和模仿论更多地从传统行为研究中找到佐证。若能采用三种研究范式，吸取对方的优势，能更有效地解决心理理论的机制问题。如模块论的研究可以更多地考虑设计一些相关研究来考察如今已经基本确认的具体模块性特征（比如抑制控制、意图理解模块等）与后天经验建构之间的关系。而理论论和模仿论则也可积极采用认知神经科学的方法进行论证，在这方面萨克西（Saxe）和加乐瑟（Gallese）的工作值得引起关注。

四、社会建构论

以上三大理论忽略了社会经验和交流互动的作用。尽管理论论是一种关于概念发展的建构性解释，但并没有明确说明社会经验如何影响理论建构和修正的具体方式。Carpendale 和 Lewis 提出了社会建构理论（socialization theory）。该理论的基本假设是：心理理论形成于社会互动中进行的积极理论建构，而不是被动地适应心理主义式的解释，认为儿童的生活环境及儿童与环境的相互作用的结果对儿童心理理论的发展具有重要意义。但在具体问题上，每个学者有自己的侧重点，如 Lillard 强调社会文化经验的作用，Tremarthen 强调儿童与养护者之间的相互作用，还有些学者强调成人或同龄中的年长者与儿童的沟通交流对儿童心理理论发展起着十分重要的作用，尤其占主导性的成年人在与儿童沟通中起着对儿童的心理理论的引导、矫正和指示的作用。

这种理论能够很好地解释语言如何影响心理理论发展的。具有心理状态的语言特征被认为是心理理论发展的预测指标（Astington、Jenkins，1995），这种语言可以使儿童聚焦于对行为的心理状态解释从而促进其心理理论发展，并在含有观点差异的对话中，进一步促进儿童信念概念的发展（Harris，1999；Lohmann、Tomasello，2003）。

尽管以上理论之间存在一些争议，如模块论侧重于心理理论发展所需要的生理基础，理论论侧重于人们对日常生活中心理知识的内省与归纳，模仿论则侧重于儿童运用心理理论时所使用的方法，社会建构论强调交流互动在心理理论发展中的作用，但这些理论探讨进一步加深了我们对儿童心理理论能力发展的认识。除了以上理论外，还有心理理论的执行功能说、文化发展说等一些观点也被研究者们用来解释儿童心理理论。如同语言获得理论一样，每一个理论只描绘了心理理论发展的某一个方面，都不能较全面地解释儿童心理理论的发展，只有将各个理论联合起来才能更恰当、更全面地解释儿童心理理论的获得与发展。

第三节　儿童心理理论的研究脉络与趋势

近三十年，心理理论研究取得了丰富的研究成果，尤其在错误信念理解能力方面成就突出。综合这些研究成果，列举出儿童心理理论研究主题的框架与发展趋势。

一、儿童心理理论研究脉络

目前研究者普遍认为信念在常识心理学中具有核心地位，有关信念尤其是儿童对错误信念（false belief）理解能力的发展在当前心理理论研究中仍最受关注。与意图、愿望、情绪等心理状态相比，信念要更为复杂一些，因为它包括对世界的表征或解释，信念内容可以具有与世界的客观状态相分离的特性，这一点尤其体现在对错误信念的理解中：对他人与现实相符的真实信念的预测能通过直接评估外部世界而获得，在逻辑上无须必然涉及他人的心理表征；而要对错误信念进行推测必须认识到他人心理的表征性质。因此，当前大多数研究者较为一致地把“达到对错误信念的理解”作为儿童拥有心理理论的主要标志。John（2010）对心理理论研究进行了较为详尽的概括，如图 1-1 所示。

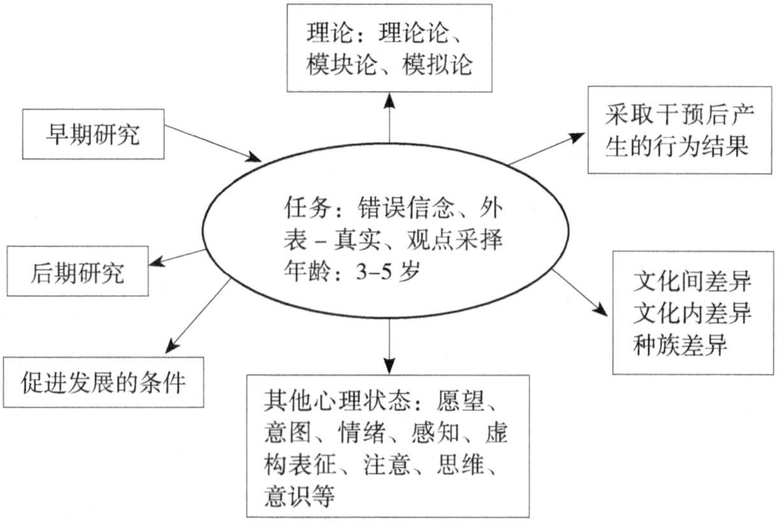

图 1-1　心理理论的主要研究取向（John，2000）

对心理理论的研究不仅关注正常儿童，还关注异常儿童，尤其是对自闭症儿童、聋童的研究，后面章节会重点介绍。本书通过对错误信念理解的早期研究、后期研究、影响因素、干预研究等领域的探讨，发现 3—6 岁儿童错误信念理解的发展特点表现如下：

第一，呈现出稳定的发展轨迹。儿童错误信念理解水平随着年龄不断变化，表现出从机遇之下到机遇之上的发展变化过程。而 3 岁以下儿童表现出低于随机水平的行为，4—5 岁是儿童错误信念理解的转折期。Wellman、Cross 和 Watson（2001）对 178 项研究进行了元分析，发现儿童信念理解的年龄变化趋势是：有 20% 的 30 个月龄的儿童做出了正确的反应；有 50% 的 44 个月龄儿童的反应是正确的；56 个月大的儿童中约有 75% 儿童做出正确的反应。因此，儿童的信念理解成绩从系统低于随机水平（41 个月或更小儿童）向系统高于随机水平（48 个月或更大儿童）转化。此外，元分析结果还揭示，无论儿童被问及主人公的想法或预计主人公基于信念的行为；无论目标人物是一个故事角色，一个木偶还是一个真实的人；无论故事主人公关于物品的位置或身份是否有错误信念；无论儿童是否被问及自己有错误信念或他人拥有错误信念，儿童的信念理解随年龄的变化都非常稳定。Callaghan、Rochat 和 Lillard（2005）研究了 5 个国家的 3—5 岁儿童错误信念理解能力，也发现了儿童错误信念理解的发展趋势呈现同步性。

Wellman 等人（2002）认为，为了证实儿童早期就已具有信念理解与推理的能力，就需要发现年幼儿童在错误信念任务中产生超越偶然性的任务操作。4 岁以下儿童不具有错误信念的概念，而是表现因素所产生的影响。可能在适当的情境下，采用适当的方式，可使他们表现出潜在的错误信念能力。近来的一些研究已表明，内隐的错误信念能力在儿童 3 岁之前就出现了（He、Bolz、Baillargeion，2010；Onishi、Baillargeon，2004）。

Apperly 和 Butterfill（2009）提出一种新假设，他们认为人类对于他人信念的推断可能存在两种独立的机制。一种机制出现的时间较早、较迅速却不是很灵活；而另外一种则较晚出现，较灵活却要依靠更多的加工资源，且要依赖于语言能力及执行功能的发展。前者能够解释婴儿通过自发反应的错误信念任务范式①，而后者解释了儿童在 4 岁左右才能通过的经典的诱发式的错误信念任务范式。

第二，表现出不变的发展顺序。即儿童先理解信念推理的基本规则，再理解真实信念，然后理解错误信念，最后理解信念 – 情绪问题（张婷、李红、曾维希，2009；Pons、Harris、De Rosnay，2003；Wellman、Leslie，1998，1999）。有研究者（李晓东、周双珠，2007；Ruffman，1996）指出儿童首先是通过猜测或其他一些低级策略，然后发展至运用规则，最后是基于对信念的理解来通过错误信念任务的。

第三，发展时间表表现出文化差异性。虽然在不同文化背景下 3—5

---

① Baillargeon 及其研究团队（2010，2011）将错误信念的实验范式分为两种：一种是诱发式反应任务范式，也就是经典的错误信念研究范式；另外一种是他们采用的自发反应任务范式。经典的任务范式包括三个过程：表征过程、反应选择过程和反应抑制过程。较小儿童无法通过这种任务范式可能因为他们的心理加工资源有限，而无法兼顾这三个过程，与之相比，自发反应任务只涉及第一个表征过程。

岁儿童表现出一致的发展轨迹，但在发展时间表上却存在一定的差异性。以汉语儿童为例，有研究表明 4 岁汉语儿童的错误信念任务成绩仍然处在随机水平，也就是汉语儿童在错误信念发展上与英语儿童相比，表现出滞后的现象。研究者也指出这种发展差异性可能归因于中国父母养育方式更强调儿童的行为结果，而较少涉及内部心理状态的谈论。汉语儿童在何时具有错误信念理解能力这一问题上还存在不一致的结论。以北京、上海等地的儿童为研究对象的研究结果与西方的研究结果一致：4 岁儿童就能很好地完成错误信念任务（邓赐平，桑标，缪小春，2002；陈英和、崔艳丽、王雨晴，2005；桑标、缪小春、陈美珍，1994）；而以西南地区（如重庆）、南方（如广州、香港）及山东等地的儿童为研究对象的研究却发现这些地区的儿童在 5 岁或 6 岁的时候才能较好地完成错误信念任务（张婷等，2009；王益文、张文新，2002；金宇等，2004）。导致这些研究结果不一致可能有以下两方面的原因：一是可能研究者选取的被试年龄范围不同且样本量较少。儿童年龄越小，心理发展越快，个体差异表现就越明显。二是可能采用的任务变式不同。一些研究发现在标准任务范式下的任何呈现方式（木偶、Flash、真人表演）、任何研究设计中，都得出一致的结论：4 岁是儿童错误信念理解能力发展的重要年龄阶段，3 岁儿童表现出较差的成绩（张长英，2012）。这种一致性可能超过心理理论领域的具有领域普遍性的认知发展水平（邓赐平，2001）。

Liu、Wellman 和 Tardif（2008）对 196 项有关汉语儿童错误信念理解的研究进行了元分析，结果表明汉语儿童与其他西方国家儿童相比，在错误信念理解方面晚了两年左右，汉语儿童 6 岁才能较好地理解错误信念。不过，这种研究结果还需要进一步探究。

总之，儿童错误信念的获得可能具有阶段性和连续性相结合的发展特征，既有跨文化间的普适性，又存在一定的差异性。这种差异性受到许多因素的影响，如工作记忆、抑制控制、语言等。目前，有越来越多的学者关注儿童的语言能力本身和语言环境对错误信念理解的影响（Harris，2004），强调心理理论发展是在与成人或同伴的谈话中渐进式的发展的

（Jenkins、Astington，1996），等积累到一定的程度，达到了一种质的飞跃，但这种质的飞跃的年龄节点，需要我们以后通过扩大样本，设计更生态化的研究范式来进一步研究。

二、儿童心理理论研究趋势

近三十年的儿童心理理论研究取得了不少成果，并引起了语言学、哲学、神经科学等其他学科对此进行研究，研究内容与方法也在不断扩展及深入。未来的心理理论的研究趋势主要体现在理论基础、研究对象、研究方法与工具、研究内容等方面的变革上。

（一）完善理论模型

虽然目前关于儿童心理理论的理论解释有很多种，各种理论解释都有合理之处，也存在自身的弊端。但这些理论仅仅从某一方面揭示心理理论发展的机制，为我们提供一种解决思路。心理理论的发展既像模块论所指的那样依赖于先天的生理基础，也需要理论论所述的那样，个体不能缺少表征能力，还需要模仿论强调的模拟体验，又需要社会建构论所说的个体与环境的交互作用。但是，能否在此基础上建立一个完善的心理理论的解释模型，更好地揭示心理理论的整体面貌，还需要整合现有理论，转换思路，进一步深入研究。心理理论的发生机制是如何产生的？各个不同层次的心理状态之间的关系对心理理论的发展作用等都需进一步思考和研究。

（二）改善研究方法与工具

研究工具的改善可以拓宽研究的视域，更广泛了解人的心理状态，还能进一步扩展研究对象的范围。一般的研究围绕着经典信念任务，采用语言交流的方式。对于年龄小的儿童也使用这种研究方法会受到质疑，特别是在心理理论与语言能力测试中，由于错误信念任务是一种言语性任务，和语言能力测试有许多相互重叠的成分，从而得出的结论近乎循环论的结果。虽然Call和Tomasello（1999）为解决这一问题，试图设计出非言语任务来，但仍然避免不了带有语言成分，效果并不佳。Baillargeon、Scott 和 He（2010）采用自发反应任务范式研究发现 15 个月大的婴儿具有推断他人具有错误信念的能力。也有国内研究者（田慧莉，2004）以游戏等方式来取代听故事、看图片以及语言反馈的做法，在游戏中运用角色扮演来了解儿童的真实想法，但这些方法的采用仍面临着实验结果是否客观以及怎样广泛收集数据的问题。另外还有些学者（Figueras、Berta，2001）对聋哑儿童采用非言语任务设计，但这种非言语任务是否适用于正常儿童，还需要进一步验证。不过，我们相信随着科学技术的不断进步，儿童心理理论的研究工具会有较大的突破。在方法论上，采用将“第一人称视角（first-person perspective）”的现象学取向与“第三人称视角（third-person perspective）”的科学实证主义取向相结合已经成为该领域的“新风向标”（丁峻、陈巍，2009）。

（三）拓展研究主题

心理理论后期研究应重视应用研究。目前心理理论研究已经进入到与自闭症、聋哑儿童心理问题的成因和治疗研究中，应用于帮助提高特殊儿童的社会认知和社会行为能力，例如 Bat-Chava 等人（2005）在利用助听设备帮助聋哑儿童掌握心理理论以提高他们的社会认知及社会技能的研究中已经取得了很好的效果。已有研究表明，儿童的心理理论水平与儿童的亲社会行为具有紧密的关系（丁芳、郭勇，2010；赵景欣、张文新、纪林芹，2005；周双珠、陈英和、胡竹菁，2017），将来可通过促进心理理论发展水平，影响儿童的亲社会行为，从而指导儿童的同伴交往，培养儿童的社会道德行为。

心理理论后期研究应扩展研究内容。在研究语言的语用性和对话环境对心理理论发展的影响方面，目前大多数研究侧重家庭背景（家庭规模、家庭经济地位等）、家庭成员（主要是父母和兄弟姐妹，尤其是母亲）以及儿童对话间的相互作用。随着入园年龄的提前，研究者（仇小莉等，2015；李丽、魏玉华、张长英，2017）逐渐对婴幼儿同伴间、教师与儿童间的对话环境加以关注。另外，仅对儿童的信念进行研究是远远不够的，还要进一步研究儿童的意图、情绪等与对话及其对话环境的关系。如从母亲角度上的心理谈话与从婴儿角度上的情绪安全之间的关系应继续协调，并鼓励关注社会认知和关注早期依恋这两个不同的研究团体进行交流与合作（Paul，2004）。虽然已有学者以4岁儿童为被试，对儿童依恋、母婴对话以及心理理论之间的关系进行了研究（Ontai、Thompson，2008），但此方面的研究还需要我们以更小的儿童为被试，采用更复杂的研究设计进一步多方面地深入探讨。

（四）揭示研究机制

随着认知神经科学的兴起，借助脑神经科学研究技术的发展去探明心理理论的脑机制已成为心理理论研究的主要发展趋势之一。目前，国外的心理理论脑成像研究已取得相当丰富的成果，并得出了较一致的结果：个体在完成心理理论相关任务时，会有明显的相应区域的激活，主要有腹内侧额叶、杏仁核以及颞上沟回等区域的激活（张兢兢、徐芬，2004）。镜像神经元研究也得出一些有价值的结论。Agnew（2007）总结发现参与心理理论的脑区与分布镜像神经元的脑区重叠的部分主要为颞上沟、部分额叶回以及顶叶和颞叶的交界处。而作为一种社会认知，心理理论必然会受到文化语言背景的影响，但关于这方面的脑成像研究还微乎其微。因此，未来的研究可以进一步考察在不同对话环境下儿童心理理论的脑机制问题，如东西方儿童的心理理论发展的跨文化研究，Kobayashi和Glover（2007）在这方面已迈出了第一步，父母语言交流方式对儿童心理理论发展的影响等方面。

第二章　儿童心理理论与语言发展

目前儿童心理理论研究主要关注儿童心理理论发展的差异、导致差异产生的影响因素等方面。儿童心理理论影响因素主要包括两个方面：一方面是儿童自身因素，尤其是执行功能、语言方面；另一方面是外界环境的影响，尤其是家庭环境对儿童心理理论发展的影响。内隐的错误信念理解在婴儿阶段就已经具有（Baillargeon、Scott、He，2010；Buttelmann、Carpenter、Tomasello，2009；Onishi、Baillargeon，2005），语言在从内隐错误信念到展现出后期的外显错误信念中起着重要的作用（San、Astington，2012）。

无论是跟踪研究、横断研究还是干预研究，无论采用何种样本（如正常儿童、自闭症儿童、聋哑儿童等），使用何种语言测验工具，大量研究均已证实语言测验成绩和错误信念任务测验表现密切相关。Milligan 等人（2007）对 104 项语言和错误信念理解的相关研究进行了元分析，也为这个结论提供了有力的证据。周晶、俞芳和郭力平（2014）对中国大陆 19 项研究中 1581 名 3—6 岁儿童的语言能力与错误信念关系的数据进行元分析，发现当控制了儿童的年龄后，语言能力和错误信念之间存在中等强度的相关；研究中所测查的语言能力的类型、使用的错误信念的测量任务的类型不会对语言能力和错误信念的关系强度产生影响。语言能力与错误信念理解间存在一定的关系，这已经成为不容置疑的事实。但是，两者到底是怎样的关系却引起了研究者激烈的争论。Astington 和 Jenkins（1999）曾提出心理理论和语言之间可能存在 3 种关系：（1）语言能力依赖于心理理论的发展；（2）语言习得是心理理论的前提和基础；（3）二者发展都受第三种因素的影响。前 2 种关系实质上指明了心理理论和语言之间存在着明确的因果关系。许多研究者认为语言在错误信念理解的发展中扮演因果角色（Harris，2004；Nelson，2004；Villiers，2005）。

第一节　正常儿童心理理论与语言发展

语言是一个多方面的复杂系统，语言能力包括语义、语法和语用等方面。目前还不清楚到底语言的哪个方面预测错误信念理解的发展。研究者从不同角度出发，关注语言系统的不同方面与错误信念理解的发展之间的关系。

一、语法与儿童心理理论的发展

在语法与错误信念发展的关系中，不同研究者也强调不同的方面，从如词序（Astington、Jenkins，1999）这样的简单语法到如关系从句（Smith、Apperly、White，2003）或宾补等复杂语法（De Villiers，2005，2007；De Villiers、De Villiers，2014；De Villiers、Pyers，2002；Hale、Tager-Flusberg，2003）。

词序是指学习者理解词语的安排是怎样影响句子意义的。例如：大多数儿童知道“狗在追猫”这个句子中的个别词语，但要正确表征这个句子就必须理解这个句子的词序，是“狗追猫”，而不是“猫追狗”。Astington 和 Jenkins（1999）指出正是这种语言结构为符号表征提供了必需的脚手架，这种符号表征又是表征错误信念的核心。也就是说，词序常常是一种句子成分之间相当复杂的关系，学习者理解了这种复杂关系，也就理解了表征意外地点任务中所必需的物体位置转换和主人公在场或离开的复杂关系。为了证实自己的观点，他们运用交叉滞后分析了7个月时间里的三个时间点的59名学前儿童语言能力和错误信念理解水平的关系。结果发现，在三个时间点中，儿童语言，尤其是句法能力在控制了早期年龄和语言后在两个时间点上预测了后期的错误信念发展；但在控制了早期年龄和语言之后，错误信念任务成绩在任何一个时间点上都没有预测后期的语言发展。

Smith、Apperly 和 White（2003）指出儿童掌握关系从句的能力预测了错误信念任务的理解，如“那个女孩踢了那个翻墙的小男孩”，而对嵌套从句的掌握并没有预测错误信念的理解。相比之下，De Villiers 等人（1997，2002，2005）指出补语从句的理解是错误信念理解发展的先决条件。这种补语句法是一个包含有心理或交流动词从而组成复杂句的结构严谨的从句。例如：露西以为月亮是由绿奶酪做的。这种结构尽管其嵌套从句表达了一个错误命题，但整个句子可以表达真命题，从而为表征错误信念的理解提供了必需的语言格式（De Villiers，1995），直到儿童理解“露西以为月亮是由绿奶酪做的”可能是真命题，而“月亮是由绿奶酪做的”是假命题，他们才能表征错误信念，从而成功完成错误信念任务（Carol、Miller，2006）。因此研究者对于这种语言结构在错误信念发展中的角色倾注了极大的兴趣。一些其他相关研究也证实了补语句法理解在错误信念理解中的重要作用（莫书亮、苏彦捷，2009； Schick et al.，2007），干预研究也证实了 De Villiers 的观点（张丽锦、吴南、郑砚，2008；Hale、Tager-Flusberg，2003；Lohmann、Tomasello，2003 ；Mo et al.，2014）。

但是，有些研究者（Cheung et al.，2004；Ruffman et al.，2003）对这个观点提出了质疑，他们觉得补足语句法与错误信念任务成绩两者存在的关系可能仅仅在测量水平意义上解释，因为错误信念测试任务和补足语测试任务这两项任务之间存在一种重叠。补足语测试任务中呈现一个用心理状态术语（如认为、相信）或交流动词（如说、告诉）+ 包含错误或撒谎的嵌套从句的故事，例如给儿童呈现一句话：“他认为（说）他发现了他的钟表，但它是瓶盖。”然后问儿童：“他认为（说）什么？”Ruffman

等人(2003)指出，儿童不可能理解这样的故事，除非他真正理解错误信念。而且，De Villiers（2002）的观点不适用所有的补足语从句，仅仅适用那些镶嵌在含有心理和交流动词的已然从句中（从句中表达的内容是客观存在的，已发生的事件）（Carol、Miller，2006）。因此，它不适用于英语中的“promise-that”从句(Cheung et al.，2004)，也不适用于德语中“want-that”从句(Perner et al.，2003)，因为这些动词表达的是未然从句（从句中表达的内容是还没有发生的事件）。

Low（2010）采用经典错误信念任务测试102名3—4岁儿童外显错误信念理解能力，采用预期凝视任务（the predictive looking task）测量其内隐错误信念理解能力。研究结果发现，儿童内隐错误信念理解能力与句子补足语是否获得无关，但外显错误信念理解能力输出需要句子补足语和执行功能的发展能力。

De Villiers(2002)的观点也不完全符合汉语儿童。Tardif和Wellman(2000)考察了讲普通话儿童和广东话儿童的愿望词“想”和信念词“想”的使用情况。研究发现，尽管讲普通话和广东话的儿童的这两类动词有同样的语法结构，但是“想”比“要”出现得晚一些。因此，这种现象不应该归因于更复杂的语法结构。这种研究结果与De Villiers认为补足语从句为错误信念理解提供必要的语言格式的观点是不相符的。Mette(2013)对46名儿童干预训练，其间每一位儿童听富含心理动词的补足语从句(tensed complements)的故事，听完故事后，训练23名儿童主动运用这种结构，另外23名儿童仅仅被动地暴露在这种结构中。研究结果表明主动运用这种结构，并没有导致儿童错误信念理解能力的提高。

有些研究者也指出，语法并不是错误信念发展独一无二的预测源。在语言和错误信念关系上，还有另外一个研究视角：语义。

二、语义与儿童心理理论的发展

有一部分研究者强调语义能力在错误信念理解上的重要性。语义能力包括词义和句义。

大多数词义与错误信念关系研究主要集中在三个方面：一是采用如英国的图画词汇量表（BPVS）或皮博迪图片词汇测验（PPVT）等词汇测试来研究词义与错误信念理解之间的关系，研究发现词汇能力与错误信念理解密切相关（Cutting、Dunn，1999；Hughes，1998；Taylor、Carlson，1997）；二是关注心理状态术语的理解与错误信念之间的关系（张长英等，2012；Brown、Donelan-McCall、Dunn，1996；Cheung、Chen、Yeung，2009；Furrow et al.，1992；Moore、Pure、Furrow，1990）；三是关注同义词与错误信念理解之间的关系，例如 Doherty（2000）研究发现儿童对同义词理解与错误信念存在显著相关，并指出这两种能力之所以相关，是由于这两项任务都要求一对多的表征，在现实情况下人们可能需要表征多种信念，而一个词语的理解需要多重含义的表征。

在句义与错误信念关系的研究上，主要是研究反驳句法结构在错误信念理解中的作用上提出来的。Perner 等人（2003）以德国儿童为被试，研究了句法结构、句义与错误信念理解的关系。因为在德语中，愿望动词和信念动词具有相同的句法结构。所以，如果按照 De Villiers（2002）的观点，讲德语儿童的愿望理解应该与信念理解同样困难，但研究结果表明，讲德语儿童能在信念问题前回答愿望问题。这说明语言与错误信念理解上的突破口不可能在语法上，而是这些结构所传达的实际意义可能是一个重要的因素（Tardif、Wellman，2000）。另一项研究也说明了句义在错误信念理解中的重要性。NG、Cheung 和 Xiao（2010）以 43 名 4 岁的英语儿童为例，探讨了宾语从句与错误信念的关系是否可以推广到不定式的宾补从句中，研究结果表明儿童对不定式从句和 that 从句的理解并没有明显的差异，这可能因为儿童关注的是句子语义内容，而不仅仅是语法结构。补足语理解与错误信念任务成绩似乎与句子语义内容有关，而与语法结构无关。

语义与错误信念理解的关系还来自跟踪研究的一些数据。Ruffman 等人（2003）在研究中，使用不同的语法和语义的测量方法（尽可能在测量上分离语义和语法成分），在三年中评估了儿童在 3 岁、3.5 岁、4 岁和 5.5 岁时语言与错误信念理解的关系。研究结果表明，语义能力在信念理解中起着举足轻重的作用，而语法能力并不能独立解释其错误信念理解能力。Farrar 和 Maag（2002）通过父母报告的方法获得了儿童 27 个月时的词汇量和表达性语法复杂度等资料信息，如 MLU（句子的平均长度）。在儿童 4 岁时，又测量了儿童的错误信念理解能力（包括意外地点任务、意外内容任务和外表事实任务）。研究结果表明，词汇和语句的平均长度预测了心理理论的表现，而当控制词汇后语法复杂度（如 MLU）并不是一个重要的预测源。Hughes（1998）也表明 4 岁儿童的词汇水平预测了儿童一年后错误信念理解能力。

三、一般语言能力与儿童心理理论发展

有些研究也表明，并不是语义、语法单独影响错误信念发展，而是一般语言能力影响错误信念发展。

这方面观点主要来源于跟踪研究的证据。Watson、Painter 和 Bornstein（2001）研究结果表明，儿童 2 岁时的发展语言量表（RDLS）分数预测了 4 岁时错误信念成绩。Ruffman 等人（2003）在研究的实验 1 中，采用跟踪设计方法，结果表明语法并不是预测错误信念理解发展唯一的预测源，在接着的实验 2 中对 65 名 3—5 岁儿童进行了两种语法测试和一种语义测试，语法测试考察了儿童的词序理解和嵌套从句理解。研究表明错误信念任务和一般语言能力有关，而不是语法或语义。Slade 和 Ruffman（2005）测验了平均年龄 3.8 岁的 54 位儿童的三个错误信念任务、一个工作记忆任务和四个语言任务，六个月后又分别测验了这些项目。研究结果表明，语言和错误信念任务的分数范围视为同等，语言与心理理论呈双向关系。研究者也指出数据中没有任何证据表明语法扮演着独一无二的角色，也没有任何一种分离语法和语义的方法可以说明能预测以后的错误信念。因此，他们提出语法和语义共同预测错误信念的发展。Farrar 等人（2009）的跟踪研究也证明了这一点。实际上，仅仅包含语法结构不含有语义的语法测验工具几乎没有，目前测验中很难将语义和语法完全区分开来。例如，TELD

的大部分语法条目是在语法结构的基础上用精确的语义描述出来的。因此，Astington 和 Jenkins（1999）指出 TELD 语法独一无二地与错误信念任务成绩相关，实际上预示了语法和语义的联合结果。

也有研究者从跨语言的角度，来验证句子的宾补结构是否对错误信念理解有特殊的作用，从而提出一般语言能力与错误信念发展的关系。Pascual 等人（2008）对 25 位讲西班牙语的儿童进行跟踪研究，收集了 3 岁、3.5 岁、4 岁、4.5 岁和 5 岁五个时间点的 40250 条自然语言样本，其中含有心理状态术语的句子有 1202 个（占所有句子的 3.01%）。最后分析得出，词汇多样性指标与愿望动词的频数有关，回归分析的结果表明不仅补语从句的发展和指向愿望与信念状态有关，而且词汇成分发展也和指向愿望与信念状态有关。因此，研究结果指出不仅仅语法而且语义也促进了错误信念理解的发展。

Cheung 和 Chen 等人（2004）在实验 1 中，以英语儿童为被试，他们使用同一个动词"promise"加上一个不定式或时态性的宾补结构，但句子的语义是不变的。结果发现句子宾补结构并不能单独预测心理状态理解，它的作用可以用总体的语言能力来解释。在实验 2 中，用讲广东话的儿童为被试，广东话中的宾补结构和语义的作用可以分开，因为它不区分不定式和时态性的宾补结构。如表达愿望的"要"和表达信念"说，以为"带有同样的结构。结果发现错误信念理解成绩和"说"条件下的句子宾补结构理解有显著相关，而和"要"条件下的宾补结构理解呈边缘显著相关。与英语儿童一样，无论是动词的意思（交流词对愿望词）还是宾补结构（时态性和不定式）都不能影响补足语理解和错误信念理解的关系。更重要的是，控制了一般语言能力后，这种关系无关紧要。这种发现得出了这种结论：补足语这种语法自身并不能影响错误信念理解的发展，一般语言理解是值得考虑的重要因素。紧接着，Cheung（2006）考察了涉及动词词义的补足语解释能力与错误信念理解的关系。以 103 名讲广东话儿童为被试，让他们解释带有"忘记（forget）"一词的宾补句子结构中的确切涵义，这个宾语结构中带有完成式标记 zo2、矩阵动词（matrix verbs）或补足语内的从属动词。例如，给儿童呈现两个句子。句子 1 是 John m4-gei3-dak1 sik6-zo2 ngaan3（普通话是：约翰忘记了吃过午饭了；英语表达是 John forgot that he had eaten lunch）。句子 2 是 John m4-gei3-dak1-zo2 sik6 ngaan3（普通话是：约翰忘记了吃饭；英语表达是 John forgot to eat lunch）。每个句子呈现后，问儿童“约翰吃过午饭了吗？”句子 1 的正确答案应该是“吃过了”；而句子 2 的正确答案是“没吃过”。研究者通过了相关分析和回归分析统计后，得出这样的结论：复杂的补足语并不是错误信念理解的独有的解释源，而一般语言能力是更有效的预测源。

Farrar 等人（2017）对 28 项正常儿童和异常儿童语言与错误信念理解相关研究进行了元分析和定性分析，定性分析了元分析中异质性来源（一般语言能力测量工具、错误信念测量方法）、干预研究的结果。最后研究结果发现，正常儿童与异常儿童有不同的发展途径，正常儿童错误信念发展与一般语言能力关系密切，而异常儿童错误信念理解能力发展与句子补足语有关。

周晶、俞芳和郭力平（2014）为了考察语言能力与错误信念理解能力关系的强度，对中国大陆 19 项研究中的 1581 名 3—6 岁汉语儿童两者相关的数据进行了元分析。研究结果显示，当控制了儿童的年龄后，语言能力和错误信念之间仍存在中等强度的相关；研究中所测查的语言能力的类型、使用的错误信念的测量任务的类型不会对语言能力和错误信念的关系强度产生影响。

总之，正如 Ruffman 等（2003）所认为的那样：儿童时期语法与语义呈现快速发展的状态，这种发展是各个要素协力发展的结果，因为语义的理解是句法的前提和基础，句法也是理解语义的重要线索。在完成错误信念任务的过程中，儿童只有在理解语义的基础上才能运用句法知识推测自己和他人的心理。语言通过将内隐或模糊的直觉提炼成外显的理论，从而促进了心理理论的发展（Slade、Ruffman，2005）。

四、语用与儿童心理理论的发展

在横向研究和纵向研究中，研究者也都指出儿童成功连贯的交流预测了儿童成功通过错误信念任务（Dunn、Cutting，1999；Slomkowski、Dunn，1996）。一方面，语用能力与错误信念理解的确存在着概念上的联系，因为语用能力强调在交际时恰当地使用和转换语言的能力，这依赖于掌握说者、听者的信念和意图。另一方面，语用与错误信念理解存在共有的基础。语用可促使儿童参与社会文化交流，如参与谈话、听故事等（Nelson，2005），这些活动又促进了包含错误信念理解的心理理论发展。而心理理论发展又进一步促进了成功的交流，提高了语用能力。Happe 和 Loth（2002）曾揭示了两者之间的亲密关系。在他们的研究中，给儿童讲一个故事，故事中小木偶或知道或不知道盒子里的内容已被换过（目标 A 用目标 B 来代替），小木偶说箱子里的物体是“modi”，问儿童小木偶说的“modi”是指物体 A 还是物体 B？那些了解木偶是在不知情的情况下误将 A 当作 B 的儿童会得出正确的结论（选择 A，因为小木偶错误认为他标示的是物体 A）。由此，研究者得出这样的结论：在言语交流中，儿童的错误信念理解能力可以表现得更好。Matsui 等人（2009）在语境下探讨了语言和错误信念理解的关系，用含有符合语法规则的语气词的错误信念故事考察了 3 岁日本儿童，并和同龄德国儿童的错误信念表现进行比较。研究结果表明，日本儿童的错误信念成绩显著地好于德国儿童，因为这种表示肯定或迟疑的标识语气词在日本儿童日常对话中经常出现。Cheung（2006）的研究也表明，错误信念与语言结构的关系与在具体交流情境中语言理解的一般能力有关。错误信念理解和更具体的语用发展特征之间的关系，如参考策略的使用，在叙述话语和错误信念理解的关系中也可以看到（Charman、Shmueli-Goetz，1998）。

互动的环境主要体现在家庭成员之间的互动上。Harris 提出一个关于儿童心理理论发展的理论假设：儿童对想法和情感的理解是随着他们参与这些对话的机会而变化的。在这种交谈背景下，由于交谈双方很少有共同的想法和相同的知识背景，因此要求他们能够理解知识和信念之间的差异，才能使对话顺利进行。一些实证研究也证明了那些经常参与对话的儿童，能够在心理理论任务中表现得更出色。而儿童一出生最早接触的经验就在家庭中，家庭中的一些对话环境因素会或隐或显地影响儿童心理理论的发展。

（一）兄弟姐妹互动环境与儿童心理理论发展

1. 兄弟姐妹数量

建构主义理论认为儿童早期与他人的社会交往有助于儿童心理理论的发展。研究表明，出生在大家庭中的儿童心理理论发展得更好。国内外研究者研究最多的是兄弟姐妹的数量与心理理论间的关系。研究证实儿童心理理论的发展和兄弟姐妹的数量呈显著正相关。有兄弟姐妹的儿童，心理理论任务得分比在家中仅仅和父母交往的儿童得分高。Perner、Ruffman 和 Leekman 在 1994 年首先对这方面进行了研究，对 76 名 3—4 岁儿童进行错误信念任务测验，这些儿童兄弟姐妹的数量分布在 1 ～ 3 个之间。研究结果表明，儿童拥有兄弟姐妹越多，他在经典错误信念任务上的得分就越高。后来的一些研究也证明了这一点，Das 和 Babu（2004）以学前儿童为被试，通过三项标准错误信念任务范式来衡量他们的心理理论发展水平，还观察记录了每位儿童自由玩耍的情景。研究结果也表明，无论是在错误信念任务中还是自由玩耍时，当考虑到孩子对每项任务问题的解释时，有兄弟姐妹的儿童更能考虑到他人的心理状态。McAlister 和 Peterson（2007）对 63 个平均 4.2 岁的儿童进行了为期 14 个月的跟踪研究，证实有两个或两个以上兄弟姐妹的儿童心理理论发展得更好。

但是，拥有年长的哥哥姐姐和拥有年幼的弟弟妹妹这两种情况对儿童心理理论发展影响是否一样，目前的研究结果并不一致。Perner、Ruffman 和 Leekam（1994）的早期研究发现，儿童心理理论的发展与到底是拥有哥哥姐姐还是弟弟妹妹的数量没有显著相关。不过，他们的后期研究（Perner、Ruffman、Leekam，1998，2010）却发现，拥有哥哥姐姐的数量与儿童错误信念的理解之间呈线形增长，但拥有年幼的弟弟妹妹却对错误信念的理解没有促进作用。Peterson 和 Candida（2000）的进一步研究发现，3—4 岁的儿童，只要是兄弟姐妹的年龄差异在 12 个月—12 岁之间，都对儿童心理理论的发展起同样的促进作用；但较小的弟弟妹妹和较大的兄弟姐妹，对儿童的心理理论发展没有影响。

Prime 等人（2016）为了考察认知敏感度在兄弟姐妹数量和心理理论发展中是否存在调节作用，对 385 名 3 岁儿童及其哥哥或姐姐跟踪研究发现，在哥哥或姐姐认知敏感度较低的情况下，兄弟姐妹规模与儿童心理理论水平存在负相关。因此，较高的认知敏感度对于大家庭中的儿童心理理论发展起着调节作用。

当然，不管是哥哥姐姐还是弟弟妹妹，这可能取决于兄弟姐妹之间的对话互动程度。对话互动越多，就越能促进儿童心理理论的发展。

2. 兄弟姐妹间相互关系

许多研究还表明兄弟姐妹之间的相互关系也会影响儿童心理理论的发展。Perner、Ruffman 和 Leekman（1994）的研究发现儿童和兄弟姐妹之间的合作关系会明显影响后期的心理理论任务成绩，而冲突、竞争、控制的关系与后期的心理理论任务成绩并不相关。后来，其他一些研究者也做了进一步的研究，研究结果表明使用心理状态术语的冲突和心理理论任务的成绩也存在相关。Foote、Holmes 和 Denver（2003）观察了 22 名 3—5 岁儿童在与其哥哥或姐姐的冲突情境中心理状态术语的使用和具体冲突类型，具体有三种冲突类型，即围绕他人的争论（other-oriented argument）、围绕自己的争论（self-oriented argument）和没有争论。研究表明，兄弟姐妹冲突类型和儿童的错误信念理解密切相关。在控制年龄和普通语言能力后，儿童使用围绕他人的争论与完成错误信念任务的成功具有显著相关，而没有争论、围绕自己的争论与错误信念任务的消极表现相关。

Song 等（2016）通过结构方程模型揭示出儿童在弟弟或妹妹出生前的心理理论水平预测了儿童是否积极主动与弟弟或妹妹玩耍，而对待弟弟或妹妹的敌对行为负向预测了 12 个月后的心理理论水平，但这种负相关仅仅在母亲采用以儿童为中心的较低管教方式下有效。这种研究结果表明，儿童在兄弟姐妹的家庭背景下社会认知能力的发展中，父母亲扮演着一个重要的角色。

总之，不管兄弟姐妹之间的相互关系是合作关系，还是冲突、竞争的关系，只要他们间经常对话，尤其是与心理状态有关的对话，就会促进他们的心理理论发展。因为儿童在日常的交流中，都需要了解别人的想法或意图，从而认识到不同的人有不同的理解，并开始思考他人的心理状态。

（二）亲子互动环境与儿童心理理论发展

1. 依恋类型

依恋（Attachment）是婴儿寻求并企图保持与另一个人亲密的躯体关系的一种倾向。Ainsworth 等（1969）人根据陌生情境测验将婴儿依恋类型分为安全型依恋、不安全－回避型依恋和不安全－抗拒型依恋。早期依恋会对个体后期心理健康、社会适应、社会认知能力的发展产生影响。

研究发现，早期安全型依恋的儿童比不安全型依恋的儿童在 4 岁时更可能通过错误信念任务（Arranz et al. 2002；Licata et al.，2016；Mcelwain、Volling，2004），而且母亲敏感性对两者之间的关系起着一定的调节作用。依恋类型与心理理论发展的关系可能是由于安全型儿童的父母在与孩子的互动中更敏感地关注孩子的心理状态，并对孩子的需求及时地给予回应。Meins 等人（1998）的研究也证明了这一点，他们研究发现，安全型依恋儿童的母亲在要求自由描述孩子的特点时更倾向于描述孩子的心理特点。Laranjo 等（2014）的进一步跟踪研究发现，安全型依恋儿童的母亲在亲子游戏情境中更关注孩子的心理状态的谈话，男孩的安全型依恋与社会理解能力密切相关。

2. 父母教养方式

Baumrind（1971）在长达十年的跟踪研究中，提出了要求和反应性两个维度。“要求”是父母对子女的期望，即父母是否对孩子的行为建立适当的标准，并坚持要求孩子达到这种标准。“反应性”是父母对儿童行为的反馈，即父母对孩子接受的程度及对孩子需求的敏感程度。根据这两个维度，将父母教养方式分为权威型、专制型、放纵型和忽视型四种类型。

国内许多研究者考察了父母教养方式对儿童心理状态理解能力的影响。李燕燕和桑标（2006）对53名儿童及他们的母亲进行了研究，儿童完成四个经典的心理理论任务，母亲填写父母教养方式问卷，他们一起参加亲子互动游戏。亲子互动游戏被拍摄并编码。研究结果发现，母亲教养方式中的严厉惩罚和情感温暖理解与儿童心理理论呈显著正相关。杜丹和苏彦捷（2009）采用失言任务和改编后的教养方式问卷探讨7—11岁儿童心理理论的发展及其与母亲教养方式的相关。结果表明，7岁儿童对包含意图的信念理解与母亲的"过度偏爱"显著负相关；8岁儿童对包含意图的信念理解与母亲的"惩罚和严厉"显著负相关。任艳花（2008）对儿童心理理论的发展及其与父亲教养方式之间的关系进行了调查研究，结果表明，父亲教养方式中的惩罚、严厉与儿童心理理论任务总体及其意外位置任务因子存在正相关。

一些学者还考察了教养方式和心理理论关系的跨文化差异。Vinden（2001）研究了韩裔美国儿童和英裔美国儿童的心理理论水平与其父母教养方式的关系。通过父母教养方式问卷测查父母教养态度，父母教养方式问卷包括三个维度：行为控制、学习自由、自主鼓励度。研究结果表明，英裔美国儿童的儿童心理理论水平与专制型教养方式呈负相关，权威型教养方式与心理理论相关不显著；而韩裔美国母亲一般为专制型教养方式，但5岁韩裔美国儿童的心理理论水平高于英裔美国儿童。Ruffman等人（1999）深入考察了不同教养方式下具体言语行为特点对儿童心理理论发展的影响。通过访谈法，请父母谈谈五个最近刚刚经历的教育孩子的情境，要求父母描述当时真实的反应和做法，把父母的回答按照四类教育策略编码。结果发现，情绪感受讨论的次数与儿童信念理解测试成绩显著正相关，而一般性讨论、训斥反应和不明确反应与儿童信念理解成绩的相关性均不显著。Reilly等（2014）的研究发现，儿童的心理理论能力与权威型教养方式呈正相关，与专制型教养方式呈负相关，这种研究结果在控制了儿童的年龄和语言能力后仍然有效。

当然，父母教养方式与心理理论之间的关系是很难解释的，可能通过言语交流方式等因素为中介对心理理论发展产生影响。Ruffman 等（2006）也部分证实了这一点，他们对 55 名中产阶级及以上家庭的儿童跟踪研究发现，仅仅母亲说了什么（心理状态语言）与儿童心理理论能力有关，父母的教养方式（如温暖）与儿童心理理论能力关系不大。

3. 父母言语交流方式

许多研究表明父母语言方式类型对孩了的心理状态理解有很大作用（Longobardi、Lonigro、Laghi，2015）。“将心比心（mind-mindedness）”就是其中一个比较有效的指标。“将心比心”是 Meins（1999）最先提出的概念，并将其定义为：父母把孩子看作有独立心理的个体倾向，表现为使用心理特征的语言来描述孩子的倾向。为了考察母亲的“将心比心”是否会影响孩子对心理理论的理解，Meins、Fernyhough 和 Wainwright（2002）进行了这方面的研究，他们将母亲如何关注她们 6 个月大的婴儿进行了区分。例如“你知道这是什么吗，是一个球。”或者“你刚刚嘲笑我了。”这些经常性的“将心比心”言语行为预测了儿童在 3.5 岁之后心理理论测试的成功。Ruffman、Slade 和 Crowe（2002）的研究也发现，在儿童 4 岁初的亲子阅读中，母亲的心理状态语言预示了儿童在 4 岁末心理理论的表现。Adrian 等（2005）同样也研究证实了亲子联合阅读故事书的频率数和是否使用心理状态术语都与错误信念任务的表现显著相关。国内学者桑标和李燕燕（2006）以幼儿园大、中、小班 60 名中国儿童作为儿童被试，以他们的家长作为家长被试，通过观察亲子互动游戏来考察亲子间心理状态术语、非心理状态术语的使用与儿童心理理论发展的关系。实验结果表明，控制了年龄因素后，母亲心理状态术语的使用对儿童心理理论发展仍有重要影响。

这些研究都表明那些对话丰富的母亲（或父亲）促进了儿童对心理状态的理解，进一步研究也说明了仅仅是话多的母亲并不能促进儿童对心理状态的理解。Charman 和 Ted（2001）发现，母亲的心理状态对话而非其他方面（如描述或谈话）的对话预示了儿童心理理论的表现，并进一步提出，若父母的训练策略着重在心理状态（如受害者的感觉、非故意性侵犯等）上，他们的孩子在成功通过错误信念任务的时间就会比其他孩子更早。后期学者考察了更多的变量，发现母亲心理状态语言的运用与儿童心理理论发展的关系随着家庭社会经济地位而变化，中产阶级家庭的儿童心理理论发展水平随着母亲的阐述型心理状态语言增多而提高，而低产阶级的儿童心理理论水平与母亲的非阐述型心理状态语言（non-elaborated mental state language）密切相关。

总之，错误信念理解与语言的各个方面都有关系这是很清晰的。但在了解语言和心理理论关系的真实本性之前，我们需退后一小步，将更多的精力关注于语言的某一成分对心理理论的影响。有些学者提出错误信念理解与语言的关系可能在心理状态术语上（Ruffman et al.，2003），还有学者指出心理理论发展依赖于指向信念的元认知语言的获得（Olson，1994）。一旦弄清楚了心理状态术语何时且怎样发展的，我们就能更有力地推断语言是如何影响儿童的错误信念理解的。

第二节　聋童心理理论与语言发展

聋童作为具有听觉缺陷的群体，缺少了一种重要的认知技能——自然语言，其语言活动与心理理论发展的关系尤其值得关注。聋童根据手语和口语环境不同主要可分为土手语(native-signer)聋童、后天手语(late-signer)聋童和口语（oral）聋童三类。土手语聋童一般指父母听力有障碍，一出生就可以接触到父母熟练手语的儿童；后天手语儿童一般指父母听力正常，出生时没有使用手语，主要从学校习得手语的儿童；口语聋童则是指借助辅听设备或通过唇读法等进行发音或说话的儿童。不同聋童的心理理论研究主要跟他们的语言环境和家庭环境有关，对这类群体的研究，为语言对心理理论发展的影响作用提供了有力的证据。

一、聋童心理理论的研究范式与发展特点

（一）聋童心理理论的研究范式

Peterson 和 Siegal（2000）最早对聋童心理理论进行了一系列的研究。以后的十几年里，许多国家的学者从多个角度对聋童心理理论发展特点及影响因素进行了探讨。对聋童的心理理论研究中，典型的错误信念任务除了标准错误信念任务外，还有错误照片任务、错误图画任务等标准错误信念任务的变式。

1. 错误照片任务

错误照片任务（false photograph task）是 Peterson 和 Siegal（1998）首次设计的任务范式。实验者给儿童讲一个故事，为了方便儿童理解，在讲故事时，配有玩偶、图片、动作等展示。故事描述了一个小男孩给一个穿着绿裙子的小女孩照了一张照片。过了一阵儿，小女孩换了一件黄裙子，男孩并不知道女孩换了一条新裙子。讲完故事后，实验者拿出两张除了颜色不一样外（绿色和黄色），其他都一模一样的照片，并问儿童下列问题：记忆控制问题："当按下快门时，女孩穿的是什么颜色的裙子？"事实控制问题："女孩现在穿的是什么颜色的裙子？"测试问题："哪一张是男孩拍的照片？"

2. 错误照片任务

错误照片任务（false drawing task）是 Peterson 和 Siegal（1998）首次设计的任务范式。实验者为了方便儿童理解，采用玩偶道具表演的方式。实验者让儿童看一个穿着黄色裙子的女玩偶娃娃，说："这个小女孩穿着一件黄色的裙子。现在，她的爸爸拿着画架来了。爸爸看到女孩说：'你的黄裙子真漂亮，爸爸把它画下来。'"然后实验者将玩偶爸爸收了起来，接着对儿童说："爸爸画裙子去了。小女孩进到房间，关上门。爸爸看不到女孩了。女孩脱下了黄裙子，换上了蓝裙子。"实验者将玩偶女孩的裙子换好，然后拿出两张除了颜色外（黄色的和蓝色的），其他一模一样的水彩画。然后实验者问儿童下述问题。记忆控制问题："当爸爸画画时，女孩穿的是什么颜色的裙子？"事实控制问题："女孩现在穿的是什么颜

色的裙子？”测试问题：“哪一幅画是爸爸画的？”

3. 思维图片任务

Wellman、Hollander 和 Schult（1996）设计了思维泡（though bubbles）技术测量儿童的心理理论水平。Woolfe、Want 和 Siegal（2002）在“思维泡”基础上改编了这种测验范式——思维图片任务（thought picture task）检验聋童的心理理论能力。这种任务范式是呈现给被试一系列包含主人公真实信念和错误信念的图片，图片中的主人公的内在抽象的想法用思维泡的形式外显出来，但思维泡内是空的，需要被试选择一个图片放在思维泡内来描述图片上的主人公在想什么。被试的选择是基于图片上描述的故事，被试知道故事中被遮挡的物体但主人公没有看到。

如图 2-1 所示：A 图描述一个正在钓鱼的男孩，感觉钓到了什么，露齿而笑，但呈现的图片中由于钓到的东西被芦苇遮挡，所以这个男孩并不知道自己钓到了什么；B 图是错误信念版本，描述了移去障碍物，男孩实际上钓到了一只靴子，但他并不知情；C 图是真实信念版本，说明了男孩的真实信念，他钓到了一条鱼；D 图是四种反应图片，还有一个思维泡，需要被试将选择的对象放在思维泡里。

这种方法对于自然语言较差的聋童来说，可能比传统的标准错误信念任务的呈现方式更易于理解。

图 2-1 “思维图片”任务示意图（Woolfe、Want、Siegal，2002）

（二）聋童心理理论的发展特点

聋童虽然9岁左右时能够在讲述自编的故事中提及他人的心理状态，即表现出对心理状态的基本认识（Marschark、Green，2000），但许多研究表明，与听力正常的儿童相比，他们在心理理论发展上迟缓一些，具体聋童什么时候才具有错误信念理解能力，目前研究并没有得出一致的结论。有些研究者认为聋童获得心理理论的时间比正常儿童要迟7年以上（Russell、Hosie、Gray，1998），13岁左右才能在错误信念任务中表现得较好（Peterson、Siegal，1998），15岁可能是聋童心理理论发展的关键期（姚雨佳、马伟娜，2009）；但还有些研究者发现滞后的程度并没有这么严重（陈友庆、闻束霞，2008）。虽然聋童心理理论发展水平总体上明显落后于正常儿童，但并不是心理理论发展水平的每个方面都落后于正常儿童。有研究发现，聋童的错误信念归因能力好于听力正常儿童（Courtin，1995），涉及他人信念的理解水平也与听力正常儿童相当（Rieffe、Terwogt，2000），愿望理解能力也较好，在考虑问题时往往愿望优先（Steeds、Rowe、Dowker，1997），甚至在解释时提及愿望因素超过正常儿童（Rieffe、Terwogt，2000；Terwogt、Rieffe，2004）。聋童的心理理论发展只是时间的延迟，与正常儿童一样，遵循一定的发展顺序（愿望、互异信念、错误信念、隐藏情绪），到达的点是一致的（Peterson、Wellman、Liu，2005；陈友庆、闻素霞，2008）。不过，有一些学者认为，测试任务的形式是影响聋童心理理论发展水平评估的一个重要变量，那些不能理解复杂句法形式如补语的儿童，会难以理解自己的思想和信念有异于其他人（Schick、Villiers、Hoffmeister，2002）。用传统的方式测量，先天聋童在理解和重述故事时很困难，但用更敏感有效的诱导和评估方法时，聋童的故事理解能力也可以表现得很优秀（Gray、Hosie，1996）。

由于家庭环境和语言环境的不同，不同类型的聋童心理理论发展水平也不尽相同。手语聋童的信念认知水平略高于口语聋童（Courtin、Melot，1998；陈友庆、闻素霞，2008）；聋人家庭中的土手语聋童的心理理论发展水平最好，与正常儿童相差无几，甚至在统计上排除了执行性功能、非言语心理年龄和语言能力的影响之后，土手语聋童的成绩优势仍然比较明显（Peterson、Siegal，1999；Courtin、Melot，2005）；听力正常家庭中的后天手语聋童在标准错误信念任务或其变式任务上完成得都较差，即心理理论存在滞后现象，但随着年龄的增长，受教育年限的影响，其心理理论发展水平趋于正常，并最终随年龄的增长而成熟（Tomasuolo et al.，2013）。研究表明，这些聋童心理理论的落后只是一种暂时的发展迟滞，而并非永久的损伤。这种发展延迟并不仅仅与听力损伤有关，更多的是听力损伤和健听家庭抚养共同作用的结果（高雯、张宁生，2005）。

二、语言与聋童心理理论发展

由于聋童听力损伤，从而使得对这一群体的心理理论研究为证明语言与心理理论的关系提供了一个较好的视角。

Peterson（2004）对4—12岁口语聋童研究表明，口语聋童的言语心理年龄和语言迟滞分数能够显著地预测他们在错误信念理解测试上的得分。郝坚和苏彦婕（2006）选取听力正常家庭中的聋童为研究对象，研究发现他们的语言理解能力与心理理论显著相关。Jackson（2001）对手语聋童在心理理论任务中的表现与接受性语言的关系进行了研究，也发现他们的语言能力与心理理论能力显著正相关。Jackson认为父母听力正常的聋童所获得的接受性语言能力有助于其理解测试情境并进行心理推理，从而使他们在心理理论任务上表现较好；而对于接受性语言得分较低的父母是聋人的聋童，由于他们具备了基本的语言理解能力，所以他们并没有表现出心理理论的差异。当然，也有些学者研究发现，聋童的语言与心理理论相关并不显著（Frey，1997；Lundy，2002）。

有些学者对语言的哪些成分对聋童心理理论发展有影响更感兴趣。Moeller（2003）的研究发现，母亲和聋童讨论心理状态较多的聋童在心理理论任务中得分比较高。Peterson和Slaughter（2006）以6—11岁的后天手语聋童为研究对象，研究他们的心理理论能力与对图片的自由描述之间的关系，结果发现，聋童的心理理论测试成绩与自由叙述中的想象性认知术语（如假装）密切相关。Bellagamba、Cassibba 和 Gianfreda（2011）的研究也发现聋童讲故事中涉及心理状态语句越多，心理理论成绩就越好。Morgan 等人（2014）考察了听力正常的父母与 17—35 个月大的聋童是交流的情况，并采用正常儿童为参照组，研究结果发现，与聋童相比，正常儿童的父母在和孩子交流时，采用更多的心理状态语言且有更多有效的话轮转换。以 Villiers 为核心的学者更强调句法结构的重要性。Schick 和 Villiers（2007）以 176 名聋童为研究被试，发现补语句法的理解能力与错误信念理解的成绩显著相关，补语句法的理解水平对聋童心理理论的发展水平具有重要的预测作用。Villiers 和 Pyers（2002）提出带有心理状态动词的补语句法在心理理论发展中起着关键的作用。

聋童的研究，为语用促进心理理论发展提供了更有利的证据。Peterson 和 Siegal（2000）概述了 11 项聋童在标准错误信念任务的表现。研究发现，那些听力正常的父母所生的聋童在错误信念理解发展上表现出滞后现象，而那些聋哑人父母所生的聋童，因其在流利手语的家庭环境中长大，在错误信念理解上表现出与正常儿童相似的水平。Brenda 和 De Villiers（2007）选取 176 名 3 岁 11 个月到 8 岁 3 个月的美式手语聋童为被试，对其进行了一系列标准错误信念任务和语言能力测试。结果表明，父母是正常人的聋童在错误信念测验任务中表现出明显的滞后，而父母也是聋哑人的聋童则和同龄的正常儿童具有相同的表现。Woolfe（2003）考察了手语聋童心理理论发展水平和他们与兄弟姐妹相处交流模式之间的关系，结果发现，同胞间积极的交流互动有利于聋童理解他人的信念和愿望，进而提升心理理论水平。这些研究说明聋童的困难并不仅仅是因为听力受阻，而与他们的对话环境有关。Peterson 和 Siegal（1995，2000）指出聋童这种错误信念理解能力滞后的首要原因是缺少谈话机会，限制了他们语用能力的发展。不同的家庭环境和语言环境在一定程度上决定了聋童的交流频率和质量，父母是聋哑人的聋童可以在家庭环境中与父母进行顺畅的交流，这种交流促使他们更早地获得心理理论。

我们可能无法弥补聋童先天的言语缺陷，但可以尽可能地提供相应的功能性支持，增加与聋童之间有关心理状态的共享性交流，增强其言语及交往技能的培养，促进他们对心理知识的理解和建构（高雯、张宁生，2005）。可以尽早地让聋童接触更丰富的语言环境，如听力正常的父母早点掌握手语，谈话中多涉及心理状态语言；尽早地走进特殊学校，既学手语又学口语更能促进聋童心理理论的发展（Tomasuolo et al.，2013）。

第三节　自闭症儿童心理理论与语言发展

自闭症，又称孤独症，是一种病因至今未明的广泛性发展障碍。最典型的症状主要表现为刻板行为、语言发展障碍和社会交往障碍。目前研究最多的自闭症谱系障碍亚型是阿斯伯格综合征（简称 AS）和高功能自闭症（HFA）。Baron-Cohen 等人（1985）首次运用意外地点任务对自闭症儿童进行了心理理论能力测试，并用心理理论缺损来解释自闭症的症状及成因。随后的 30 年来，国内外学者对自闭症的心理理论研究越来越深入。

一、自闭症心理理论的研究范式与发展特点

（一）自闭症心理理论研究范式

对自闭症心理理论研究采用的范式除了经典错误信念任务外，还有研究者针对自闭症儿童设计出来的心理理论测试任务，如思维泡技术、解读眼测试、日常故事法、自然情境语篇分析等。

1. 思维泡技术

思维泡技术最先由 Wellman、Hollander 和 Schult（1996）提出，研究正常儿童的心理理论水平；Parsons 和 Mitchell（1999）将此技术引用过来考察自闭症儿童对他人心理状态的理解。“思维泡”是在儿童故事书常见的一种图画，故事人物的头顶上画一个云状的泡泡，泡泡里面放上此刻故

事人物正在想的某物的图画，以此来表示故事人物所思所想的内容。如图 2-2 所示。

图 2-2　“思维泡”任务示意图（邹瑾、王立新，2008）

由于“思想泡”技术直接将主人公的所思所想用图片的形式直观地显现出来，对于语言能力较差的自闭症儿童而言，相对容易些。研究发现，通过“思想泡”策略进行教学干预可促进自闭症儿童心理理论的发展（张敏等，2016）。

2. 解读眼测试

Cohen 等（1997）首次设计解读眼测试（the eyes task），研究阿斯伯格综合征和高功能自闭症的心理理论能力。这种测试任务的研究程序是给被试看 25 幅从不同人脸图片上截取下来的眼部图片，让被试观察并推测该图片中的人的情感、情绪，从 2 个意义相反的情感词语选项中选择正确的一个。后来，Cohen 等（2001）增加了解读眼测试任务的难度，题目数量增至 40 个，选项增至 4 个，并且减弱了每道题的选项之间情感色彩的对比。

3. 日常故事法

Kaland 等（2002）首次采用日常故事法（Stories from Everyday Life，SEL）研究儿童青少年的心理理论水平，该方法包括 13 对不同类型的短故事，分为 A 套和 B 套，每个故事后有 10 ～ 15 个问题，测试被试对故事梗要以及人物心理、行为的理解和推测，测试被试对故事人物的物理特征和心理特征的理解。由于这种测试任务需要被试陈述故事人物的心理状态，这样就会要求被试进行相关信息的整合。Beaumont（2006）指出这种心理理论测试需要依赖被试的中央统合能力，不适合作为纯心理理论能力的测试指标。

4. 自然情境语篇分析

Sadlik（2004）采用自然情境语篇分析研究自闭症儿童推测他人心理状态的能力。这种任务的程序是在自然情境下对自闭症儿童在家里和家人用餐中和用餐后互动的情景进行录像，通过分析自闭症儿童回答家长的日常性问题的语句，从而探究自闭症儿童对他人心理状态的理解。

（二）自闭症心理理论的发展特点

自闭儿童在一些需要理解愿望和知觉的实验中表现得很好。Tan 和 Harris（1991）指出，自闭症儿童会表明及一再表明自己的愿望，即使是面对最初阻止自己的对话者。此外，通过跟踪研究，分析自闭症儿童的自发语言发现，在不考虑极少数理解和思考的认知状态下，他们常常提及愿望和知觉（Tager、Flusberg，1993）。

自闭症儿童与正常发育儿童心理理论中的错误信念发展序列基本一致，均从推测的信念、非自己的信念、外显的错误信念、他人的错误信念、自己的错误信念到二级错误信念，表现出从易到难的发展序列（Sparrevohn，1995; 任真、桑标，2005），但与正常发育儿童相比，存在一定的滞后或缺损。许多研究也表明，自闭症儿童的心理理论像普通儿童一样随年龄不断发展，只是在时间上滞后（Nagar et al.，2012）。自闭症儿童在 10 岁左右方能通过初级心理理论任务，但不能通过欺骗任务、假装任务、幽默任务、失语任务、解读眼任务等多种心理理论任务，也就是说，对讽刺、比喻、幽默、欺骗等的理解可能也落后于同龄普通儿童乃至年龄更小的普通儿童，部分自闭症患者甚至终生难以通过心理理论任务（Frith，2005）。

对于自闭症儿童在各项心理理论任务的失败，一部分原因由于自闭症儿童严重的临床症状造成了心理理论缺陷（theory of mind deficit）（Baron-Cohen、Leslie、Frith，1985），即自闭症儿童无法理解自己和他人的心理状态，其社会交往能力发展异常与心理理论缺损有关。许多研究支持了心理理论缺陷说（Baron-Cohen，1989；Frith、Happe，1999）。因此，Baron-Cohen形象地将自闭症儿童称之为“心灵盲”（mindblindness）（Baron-Cohen，1995）。另一部分原因是自闭症儿童心理理论发展滞后（Hoogenhout、Malcolm，2014），尤其对于高功能自闭症者而言，他们的心理理论发展缓慢并出现延迟，当他们达到一定智龄时，就会获得一定的心理理论能力，如80%的智龄为10岁左右的自闭症儿童能通过错误信念任务（Happe，1995），但对于复杂的心理理论任务而言，一些高功能自闭症儿童到了成年后仍然无法成功完成（Roeyers、Demurie，2013；Murray et al.，2017）。当然，也有学者指出自闭症儿童在心智阅读过程中并非缺乏甚至有可能是过度依赖心理理论所预设的推理能力，而导致该群体心智阅读困难的根本原因在于其丧失了一种在日常人际交流方面最基本的前反思的交互主体性体验（陈巍、郭本禹，2011）。

总之，自闭症儿童心理理论发展过程中并不仅仅简单地表现出一种延迟。他们早期在联合注意、假装游戏和感情关注上就表现出一些困难，并一直延续下去。在自身严重的临床症状影响下，在缺乏人际互动和言语沟通背景中，在没有任何的干预情况下，要达成正常发育儿童的心理理论能力越来越难。

二、语言与自闭症儿童心理理论发展

许多研究者认为心理理论有赖于言语的发展，语言通过它自身的沟通功能和内部言语表征影响心理理论。自闭症儿童语言与心理理论的关系可能也是如此。

研究表明，自闭症儿童完成标准错误信念任务的困难是与他们的语言能力相关的。Happe（1995）为了研究年龄和语言能力在自闭症儿童心理理论测试中的作用，比较了自闭症儿童与70个正常儿童和34个心理发展迟缓儿童完成错误信念任务的情况，研究结果发现，自闭症儿童的心理理论测试成绩与言语心理年龄、言语智商存在密切的关系。患有自闭症且言语心理年龄在6—7的儿童约有20%能通过错误信念任务，而言语心理年龄在11—12岁的儿童约有80%能通过。要想达到正常儿童所达到的心理理论测试的结果，自闭症儿童须具备比正常儿童更好的语言能力。

一些研究还发现自闭症儿童语用能力测试分数与错误信念成绩密切相关（Eisenmajer、Prior，1991；Frith、Happe、Siddons，1994）。Hale 和 Tager-Flusberg（2005）跟踪调查了57位自闭症儿童的对话技能和错误信念理解的发展轨迹，一年内对儿童进行两次考察。测量指标包括亲子谈话的自然言语样本、儿童标准词汇量和儿童错误信念任务理解成绩等方面。用观察法收集儿童与家长在交流时的自然言语样本，用测验法获得儿童标准词汇量和错误信念任务成绩。一年后，自闭症儿童围绕主题谈话的能力明显提高，等级回归分析也证明了错误信念理解与连贯对话能力互为促进。Peterson 和 Siegal（1998）研究了自闭症和听力正常的家庭中聋童的错误信念理解能力，研究结果表明两个群体的错误信念理解都显著地低于4岁正常发展儿童。研究者指出这两个群体在错误信念成绩上的相似性在于他们有同样的现实背景：他们在发展的早期都被剥夺了谈论心理状态的机会。总体说来，父母听力正常的聋哑儿童在早期有很少的语言输入，尤其在“口头”训练上，即使他们可能获得的有限的词中大多也是指向具体事物的名词，而自闭症儿童早期沟通交流的缺失造成的在现实世界的困难与他们有限的语用技能使他们极少参与和想象、错误信念及其他抽象或模糊主题相关的社会交往活动，造成了他们早期生活中涉及心理状态谈话机会较少，从而限制了错误信念理解的发展。Pellicano（2010）的研究指出自闭症儿童早期的语言能力与其后期的叙事任务和错误信念任务成绩相关。

不过，有些研究也持有相反的观点，有研究指出自闭症儿童心理理论发展与语言存在弱相关，心理理论发展有其独立的规律，与语言发展并不完全一致，心理理论发展可能具有领域特殊性（任真、桑标，2005），眼动研究也发现，眼动形式的心理理论测试受语言能力影响很小（Pellicano，2010）。周楠和方晓义（2011）进行了自闭症儿童非言语错误信念任务的实验发现，语言能力对于自闭症儿童心理理论能力没有影响，由于自闭症儿童这一病症本身存在的障碍导致了其心理理论能力的低下。

当然，自闭症儿童心理理论与语言的关系到底如何？这一问题如正常儿童心理理论与语言的关系一样，如今还没有一个标准的答案。自闭症自身的病症导致的言语与交往技能的缺陷，造成了缺乏亲子间心理状态的沟通及与兄弟姐妹或同伴的互动、分享，从而较少涉及心理理论发展的生活经历，即较少能在对话环境中意识到他人的想法、信念或意图，可能造成了自闭症儿童心理理论水平的低下。当然，自闭症儿童心理理论与语言的关系还需要研究者进一步探讨。

第三章　儿童心理状态术语的发展

心理状态术语是一种不具有任何具体形态的看不见的抽象词语。Gopnik 和 Meltzoff（1997）指出它是学习者社会理解的脚手架，促使学习者关注以前忽略的或看不见的想法和信念。这种语言既具有指向心理状态的语义作用，又具有较大的语用价值，引起了心理学研究者的关注。

第一节　心理状态术语概述

作为表征人的心理活动的词汇，心理状态术语引起了心理学家、语言学家的关注。国内外学者对于心理状态术语的概念界定不统一，研究范式也比较单一。

一、心理状态术语的概念界定

在国外文献中，心理学者将元认知动词（metacognitive verb）（Pelletier、Astington，1998，2004；Sun，2012）、信念动词（belief verbs）（Chen，et al.，2012；Cheung、Chen、Yeung，2009；Fusté –Herrmann et al.，2006；Papafragou、Cassidy、Gleitman，2007；Tardif、Wellman，2004）、心理状态术语（mental state terms）（Baron–Cohen et al.，1994；Foote、Holmes–Lonergan，2003；Turnbull、Carpendale、Racine，2008）、心理状态语言（mental state language）（Adrian et al.，2005；Kristen、Sodian、Thoermer，2011；Rudek、Haden，2005；Taumoepeau、Ruffman，2006，2008）、心理术语（mental terms）（Rudek、Haden，2005；Moore，2010）、心理状态词汇（mental state vocabulary）（Peters、Remmel、Richards，2009）、心理状态词条（mental statel exicon）（Brockmeier、Gavazzi，2011）、心理状态术语（mental verbs）（Johnson、Maratsos，1977；Montgomery，2002；Pascual et al.，2014）等词混淆使用，但在 Milligan 等人（2007）的元分析中指出，心理状态术语广义上指向信念、愿望、意图、情绪和知觉等方面，但这种术语狭义上仅仅指认知术语（如想、知道、猜、记得）。目前的大多数研究将心理状态术语等同于认知术语，主要指一些信念动词。

我国学者对心理状态术语的研究始于语言学界的研究，目前国内语言学界采用的专业词汇是“心理动词”，他们的研究主要集中在对心理状态术语的概念界定与分类上。总体归纳起来，可分为以下几类：第一类是从语义特征来分，如范晓（1987）认为表示认知、情感、意向等心理活动或状态的动词都是心理动词；李英哲等人（1990）进一步将心理动词的范围扩大，将“述说”“认知”“想象”“思考”“询问”和“感谢”等动词都称为心理动词。第二类是以句法结构来划分。陈光磊（1987）认为，如果只按照语义特征来界定心理动词，就缺乏形式上的客观标准，应该以句法结构作为衡量是否为心理动词的准则。周有斌和邵敬敏（1993）提出，可用“主（人）+{很+动词}+宾语”这一形式作为心理动词的检验标准，凡能进入这一格式的，都是心理动词。当然，这样的划分标准使进入这个格式的本来不属于心理动词范畴的动词如“孝顺”“优待”等也成为了心理动词，因此许多学者（王红斌，1998；袁明军，2000）提出了质疑，他们宣称受程度修饰根本不是心理动词的特权。第三类是按照动作的过程结构来分，以郭锐和王红斌（1998，2002）为代表，他们将现代汉语心理动词分为三种，有心理状态动词（发觉、认为、担心等）、心理变化动词（忘记、同意、赞成等）、心理活动动词（打算、猜测、计划等）。总之，由于各个学者视角不同，采用不同的标准，导致了心理动词有了不同内涵，从而使心理动词研究范围过大或过小。当然，这些分类的提出有助于我们从不同角度认识心理动词的本质。

国内心理学界对这类词语的称谓也有所不同。有学者（丁国旺、任太艳、宋正国，2005；张积家、陆爱桃，2007）沿用语言学界的用法，对心理动词进行了研究。如张积家和陆爱桃（2007）以107名大学生为被试，运用自然分类法和多维标度法，探讨了汉语心理动词的组织和分类。结果表明，汉语心理动词从语义上可划分为认知/情意和积极/消极这两个维度。从整体来看，汉语心理动词分为两大类：（1）认知心理动词（如“觉得”“认为”“想”等）；（2）情意心理动词（如“喜欢”“同意”“担心”等）。情意心理动词又按照积极/消极维度分为：积极情绪心理动词、消极情绪心理动词、积极情意心理动词、消极情意心理动词等。但这些研究是以年长儿童和青少年为被试的。还有学者（桑标、李燕燕，2006；桑标、马丽雳、邓赐平，2003；商冲晨、莫书亮，2010；苏彦捷、刘艳春，2012；Lu、Wang，2009）以年幼儿童为被试，将这类词语称为心理状态术语或词语，另有学者（张丽锦、吴南、郑砚，2013）将这类词语称为心理状态动词。总之，不管是心理状态术语或词语，还是心理状态动词，与国外心理学界对儿童的这类心理词语研究一样，我国研究者都主要指向一些信念动词。

综上所述，如何整合这类词语的定义并统一这类词语的称谓，需要语言学、心理学以及心理语言学等各领域专家进一步思考，但在本书中，遵循西方心理学家研究思路，按照国内心理学界对儿童这类词语的研究，将这类词语称为“心理状态术语”，并主要研究信念动词。

二、心理状态术语的研究范式

目前对心理状态术语的研究中使用较多的主要有两种研究范式：观察法和实验法。

观察法通过观察记录儿童的自然语言样本，然后统计这些自然样本中出现的心理状态术语的数量和类型（Bretherton、Beeghly，1982；Shatz、Wellman、Silber，1983；Tardif、Wellman，2000）。观察法的研究结果表明2、3岁儿童的语言中已开始出现“要”“知道”“想”和“记得”等心理状态术语（Shatz et al.，1983；Tardif，1993，1996；Tardif、Wellman，2000）。但起初儿童用这些词并不是指心理状态，而只是起交流的作用（Shatz et al.，1983）。这种研究范式由于收集儿童的自然语言样本，能够比较真实地探测到儿童心理状态术语的发展轨迹，使研究的外部效度比较高。但由于这种研究范式比较费时费力，被试数量比较小，从而使收集的数据易受到样本偏差的影响。

另外一种方法是实验法。实验法主要通过控制不同的故事情境或不同的句子，考察儿童对于不同心理状态术语语义差异理解的研究。

对较小儿童研究采用较多的实验材料是自编故事（Ornaghi、Brockmeier、Gavazzi，2011；Pelletier、Astington，2004），也就是通过讲述的方式或播放录像的方式，让儿童了解故事的内容，然后问他们几个问题，来探测儿童是否理解了问题中所包含的心理状态术语的涵义。当然，这种方法往往需要被试真正理解故事的内容，才能正确回答主试的提问。例如：故事情境是，爸爸对汤姆说：“如果明天不下雨，带你去公园玩。”第二天早上，汤姆起床就往窗外看，看到下雨了。汤姆难过地说：“唉，天下雨了，我们不能去公园玩了。”然后问儿童一个问题：“汤姆是知道天下雨了还是猜测天下雨了？”这种研究方法主要让被试选择最佳的心理状态术语描述故事中主人公当时的心理状态。

还有一种实验法采用的实验材料是句子判断（Cheung、Chen、Yeung，2009；Kiparsky、Kiparsky，1970；Scoville、Gordon，1980），即让儿童判断含有不同心理状态术语的句子，通过判断从句所表达意义的确信程度来考察对心理状态术语的理解。如：“约翰知道/认为玛丽是个骗子。”然后问儿童一个问题：“玛丽是个骗子吗？”

也有学者（Moore、Bryant、Furrow，1989，1990）采用“藏与找”的方法。这种方法是让儿童依据两个木偶的不同话语指出藏物品的地方，每个木偶话语中含有不同心理状态术语（知道、认为、猜），然后让儿童判断在物品哪个盒子里。这种方法是在语境中完成，降低了儿童对故事理解能力的要求。

根据以上不同的研究范式，大多数研究者都得出了较一致的结论：儿童对不同心理状态术语之间的细微差别的理解在 4 岁之后。但是理解只是词汇获得的一个方面，儿童会使用才说明他真正地获得了心理状态术语，这需要更晚的时间。

第二节　儿童心理状态术语的研究现状

在儿童刚开始说的五十句话中，大多数词语主要涉及食物、身体和家庭成员等具体名词（Gentner、Boroditsky，2001；Nelson，1973）。由于儿童的这种早期词汇中具体词语的绝对优势，使研究者将视线主要放在此类词语的研究上。但实际上，儿童到了第二年，他们的词汇表中也开始出现抽象词语，如心理状态术语。一部分研究者也逐渐关注儿童的此类词语什么时候产生以及怎样理解的（Barstch、Wellman，1995；Moore et al.，1989；Shatz et al.，1983；Tardif、Wellman，2000）。

一、心理状态术语的产生

关注儿童心理状态术语产生的研究主要来源于直接观察儿童日常生活中的自然语言样本（Shatz et al.，1983，1994；Tardif、Wellman，2000），或者让儿童在假装游戏下（Nielsen、Dissannyake，2000；桑标、马丽雳、邓赐平，2004）或回忆任务（Cherney，2002）等情境下引发儿童心理状态术语的使用。

在儿童的词汇中出现信念和想法的词语大概在 2 岁之后（Barstch、Wellman，1995；Shatz et al.，1983）。不过，Shatz 等人（1983）从 CHILDES 数据库里获取语言样本，分析编码数据后指出儿童刚开始使用心理状态术语倾向于先用作交流工具而不是指向心理状态。相比较之下，心理状态术语的真正使用是在其指向说者、听者或其他第三者的想法、记忆或知识的时候。也就是说，他们在语境中用这样的句子表达的是他们对意思的理解而不是仅仅模仿成人或是仅用作交流（Furrow et al.，1992）。基于这样一个区分，Shatz 等（1983，1984）发现真正指向心理状态的心理状态术语是儿童到了 25—30 月大的时候，随着年龄增加，这种用法越来越多，如出现真正指向心理状态的“知道（know）”一词要在儿童 30 个月时（Shatz，1994）。在此之前，“知道”仅仅用在像“我不知道”这样的典型句子中，但是这个词并没有指向更复杂的心理状态。在 26 个月时，Shatz 的孙女 Ricky 已知道了“想”是用来指一种可能性（它有较小的确信程度），当 Ricky 的妈妈问:“袋子里有玩具吗？”她说:“有，我想有几个小木偶，”Ricky 接着又补充说，“也许是个小猪。”从自然样本的数据来看，产生的主要心理状态术语是“想”和“知道”，这两者的使用也有差别。若从使用动词的类别来衡量，“知道”比“想”更频繁，如在 Bartsch 和 Wellman（1995）分析的语言中，15 位儿童使用“知道”而仅有 10 位儿童使用“想”一词；但若从儿童使用心理状态术语的次数来看，更多的是使用“想”（38%）而不是“知道”（28%）。

3 岁以下儿童的词汇表中愿望术语比信念术语更常见（Bartsch、Wellman，1995；Ferres，2003；Moore et al.，1994）；到 4 岁半，儿童词汇表中才出现涉及信念和想法的信念动词（如“知道”“想”“忘记”等）；到了 5 岁，这类词语使用更频繁（Bartsch、Wellman，1995；Jenkins et al.，2003；Lee、Rescorla，2002；Moore et al.，1994；Shatz，Wellman、Silber，1983；Tardif、Wellman，2000）。

在跨文化研究中，也已得出一些有价值的结论。Pascual 等（2008）的研究结果发现，西班牙儿童和英语儿童表现出同样的心理状态术语的发展时间和模式，即 3—5 岁的儿童已掌握了真正指向愿望的词语，而指向信念的心理状态术语不断增长；随着年龄增长，儿童更多地使用信念术语。话语中使用较频繁的信念术语和其他研究结果一致：saber（知道），

recordar（记得），creer（相信），pensar（认为），parecer（装作）（Wimmer、Perner，1983），而最常用的是“知道”和“记得”。

国内外学者也对汉语儿童的心理状态术语的使用情况进行了研究。汉语与英语儿童的差异可能有以下几方面：第一，与英语儿童相比，汉语儿童在早期发展中，有同等数量的名词和动词，其中有指向心理状态的心理状态术语（如“知道”和“认为”）。第二，汉语的补足语语法比英语简单。若掌握谓语补足语是错误信念理解发展的先决条件（De Villiers、De Villiers，2000，2003），那么，应可预测汉语儿童在错误信念理解能力方面处于有利条件。第三，用作表达心理状态的一些动词一词多义。例如：“想”可能表达成“认为”，也可能表达“要做某事”。西方研究者已指出了美国儿童是从愿望心理学到信念心理学的发展轨迹（Bartsch、Wellman，1995；Wellman，1990），汉语儿童是否具有同样的发展模式？Tardif 和 Wellman（2000）为了探讨汉语儿童和母语为英语的儿童在获得心理理论上发展模式的差异，在 6 个月内对 10 名讲普通话儿童的日常对话进行了录音，也在一年内观察了 8 名讲广东话的儿童，分析了自然语言样本中指向心理状态的句子。研究结果发现，尽管汉语儿童在获得心理状态词汇上表现出和母语为英语的儿童同样的发展模式，即先产生指向愿望的词汇，后产生指向信念的词汇。但汉语儿童愿望术语说得较早，信念术语却使用得比较少。例如：英语儿童说“想”（thinking）一词比汉语儿童更频繁，而汉语儿童说“要”一词较早，出现的频率也最高。研究者指出了这种差异可能存在的原因：一种原因可能是汉语儿童家长更加关注目的、意图和行为，很少提及“想法”；而西方成人更多关注信念心理。当儿童开始思考问题时，这种文化价值观就折射在儿童身上。另一种可能性是用于表达信念的“想”比用于表达愿望的“要”需要更复杂的语法结构。

国内学者桑标、马丽雳和邓赐平（2004）也探讨了 3—5 岁汉语儿童在假装游戏中心理状态术语的使用情况。研究者对 57 名儿童的录像材料进行编码，记录到所有涉及心理状态的对话，共涉及 15 个心理状态术语：知道、以为、骗、明白、假装、想、晓得、假如、要、懂、猜、希望、觉得、理、当，并将这些心理状态术语分为5类：真正指向心理状态类（如“你认为她死了”）、习惯用语类（如“不晓得！”）、对话功能（如“你知道这是什么吗？这是手铐！”）、表达行为意愿类（如“我要给娃娃打针”）和其他类。研究结果表明，心理状态术语的使用体现出“指向愿望－指向信念”的维度特征；在心理状态术语使用的不同范畴上表现出年龄差异，5岁儿童较多涉及真正指向心理状态术语，4岁儿童较多使用习惯用语类的词语和愿望动词，3岁儿童倾向于使用所谓的“其他用法”和愿望动词，或者根本没有使用任何一类的心理状态术语。

儿童产生了心理状态术语并不代表心理状态术语的获得，只有确切理解这些词语的含义后才能说明这些术语的获得。研究表明，儿童逐渐区分不同心理状态术语的含义还需要一段时间。

二、心理状态术语的理解

儿童对心理状态术语理解的研究主要采用实验法，即让被试对镶嵌在句子中的不同心理状态术语的语义进行区分。研究最多的心理状态术语有“知道”“相信”“想”“记得”“猜”等。早先有些学者（Kiparsky、Kiparsky，1970）将这些动词划分为两类：事实动词和非事实动词。事实动词指所陈述的事情有事实依据，是客观存在的，如“知道”“忘记”“记得”等；而非事实动词表达的是事情没有事实依据，不一定客观存在的，如“想”“猜”“相信”等。大多数实验研究揭示了儿童对不同心理状态术语的理解要比儿童表达第一个心理状态术语的时间迟一些，如研究者发现儿童到4岁时才会区分“想”与“知道”的含义（Bartsch、Wellman，1995；Furrow et al.，1992；Moore et al.，1989）。换句话说，他们开始区分心理状态术语的确信程度，即清楚了“知道”的事情一定是客观存在的，而“猜”和“想”的事情可能不是客观存在的（Johnson、Maratsos，1977；Moore et al.，1989；Flavell，1999）。但4岁儿童还不能区分“想”和“猜”的含义（Moore et al.，1989），不过他们能够完全理解“忘记”和“记得”的含义（Abbedutoand、Rosenberg，1985）。5 岁儿童已能较好地将适当的行为反应与心理状态术语的确切含义有机结合起来（Flavell，1999；Cherney，2003）。

Johnson 和 Maratsos（1977）调查了 3—4 岁儿童对“想”（think）和“知道”（know）的理解情况。在他们的研究中，告诉儿童一个《藏与找》的故事，故事中有两个主人公，第一个主人公（藏者）在第二个主人公（寻找者）不知情的情况下，将物体从一个盒子 A 挪到另外一个盒子 B。然后问儿童有关第二个主人公（寻找者）的几个问题：（1）他会在哪里找东西？（2）他认为他的东西在哪里？（3）他知道他的东西在盒子 A 里吗？（4）迫选题：他“认为”他的东西在盒子 B 里还是“知道”他的东西在盒子 B 里？研究发现，3 岁儿童在“想 / 认为”（think）和“知道”（know）问题上没有差异，在迫选题上处于随机水平，但 4 岁儿童能够较好地理解这种区分。

另一项研究（Miscione et al.，1978）考察了 3.5—7 岁儿童对“知道”和“猜”两个词的区分能力。让儿童参加一个游戏，在这个游戏中，有三个“魔术箱”，让儿童判断东西藏在哪个箱子里。研究者将被试随机分派到两种条件下：一种条件下，被试看到了实验者把东西藏到了哪里；另一种情况下，被试没有看到物体藏在哪里。然后，让他们判断东西藏在哪个盒子里，并询问他们是“知道”东西藏的位置还是“猜”出来的。研究结果表明，不到 4 岁的儿童不管在什么条件下，没有一个能够区分“知道”和“猜”，他们的反应处于随机状态。到了 4—5 岁，儿童倾向于将“知道”和成功的表现联系在一起（即物体正好在他们猜的地方），将“猜”和不正确或不成功的表现联系在一起。Johnson 和 Wellman（1980）接着探讨了 62 个 4—10 岁儿童区分“知道”“猜”和“记得”三个心理状态动词的能力。此外，他们在实验设计上修改了 Miscione 等人（1978）研究中的那种“二选一”的迫选题，提供了一个可供选择的项目。因为他们觉得儿童对迫选题的反应不可能揭示儿童是否理解了“知道”和“猜”的区分，也不能解释儿童是否将“猜”一词和不正确的反应联系在一起。给儿童在三种条件下呈现 8 个“藏与找”的任务。第一种条件是儿童是否事先知道物体藏的位置；第二种条件是儿童是否有物体位置的直接知识；第三种条件是儿童是否正确发现这个物体。另外，儿童也会在欺骗的条件下呈现任务，即将物体悄悄地移到另一位置。每项任务后，先问儿童“是否看到东西藏在哪里了？”接着问儿童东西藏的位置后，询问儿童三个包含不同心理状态术语的问题：你知道/认为/猜它在这里吗？研究结果指出4岁的儿童在说对位置的情况下，将“猜”判断为有事实依据的“知道”显著地多于说错位置的情况下。这与Miscione等（1978）的研究结果有些不一致。然而，Johnson和Wellman（1980）采用组内设计，容易使被试产生疲劳效应和练习效应，并且被试数太少。不过，将这两项研究的研究结果汇聚到一点可知，学前儿童区分像“记得”“知道”和“猜”等心理状态术语还有点困难。

Moore等人（1989）也考察了3—8岁儿童对心理状态术语确信程度的理解。给儿童呈现一个“藏与找”的任务，这个任务是让儿童依据两个木偶的不同话语指出藏物体的地方，每个木偶话语中含有不同心理状态术语（知道、认为、猜）。例如，一个木偶说：“我认为它在红色的盒子里。”另一个木偶则说：“我知道它在蓝色的盒子里。”然后让儿童判断在哪个盒子里。实验结果表明，仅仅在4岁的时候儿童才开始从“认为”“猜”中区分“知道”一词，但儿童完全理解要到5岁时。

以往大多数研究的被试为英语儿童，也有些研究者对其他语言者进行了研究。Roazzi和Arcoverde（1997）给3—5岁巴西儿童呈现一系列的陈述句，每个陈述句都包括一个事实动词（如“知道”或“发现”）或一个非事实动词（“假装”或“欺骗”）。然后询问儿童两个问题：第一个问题考察儿童对补足语所含意义的真实性判断；另一个问题考察儿童对句子中目标动词确信水平的理解。例如：儿童听完“Paulo知道Bruna正在和她自己的狗一块儿玩”这句话后，询问第一个问题“Bruna在和她的狗玩吗？”儿童可能回答“是的”“没有”或“不知道”；接着问第二个问题“Paulo确定Bruna正在和她的狗玩？还是不确定呢？”研究结果指出巴西儿童直到5岁才能区分像“知道”这样的事实动词（动词的补足语一定是真的）和像“假装”这样的非事实动词（动词的补足语不一定是真的）；而3—4

岁儿童仍然不能理解非事实动词，把它们当作事实动词来对待。不过，在这个研究中也可能存在一个未加控制的混淆因素。对3—5岁巴西儿童来说，最困难的非事实动词都是“欺骗”（make someone believe）一词。正如研究者自己指出的那样，这在巴西儿童的日常生活中是不常见的动词。因此，这种研究结果很可能是儿童不熟悉这个词语造成的。另外，这项研究仍然不清楚儿童对非事实动词理解的滞后会不会影响他们错误信念任务的表现。

总之，大多数研究表明约在4岁时，儿童能够较好地理解心理状态，可以区分像“知道”和“认为”这样的心理状态术语，开始逐渐理解“玛丽知道……”这类句型之所以和“玛丽认为……”这类句型存在区别，是由于“玛丽知道”这类句子蕴含有确切的证据（Johnson、Maratsos，1977；Miscione et al.，1978；Moore et al.，1989；Moore、Furrow，1991）。他们也理解“记得”一词是指以前的知识信息，而“猜”是缺乏相关的事实信息（Astington，2000；Johnson、Wellman，2010；Miscione et al.，1978；Wellman，2004）。正好也是这个时期，儿童开始理解了错误信念任务（Baron-Cohen et al.，1985；Wimmer、Perner，1983）。儿童对心理状态术语的理解与错误信念任务成绩到底有什么关系？目前已有大量的研究对不同的语言使用者进行了研究，探讨了两者之间的关系。

第三节　汉语儿童心理状态术语的发展特点

有关心理状态术语的大多数研究是以母语为英语的儿童为被试，但在以含蓄为美的文化背景下成长的汉语儿童，其心理状态术语的发展特点是否有异于其他文化背景下的儿童？

一、3—5岁汉语儿童心理状态术语产生的发展特点

儿童心理理论的发展是一个从愿望心理到信念心理的过程（Wellman

et al.，2001）。以英语儿童为研究对象的相关研究也发现，儿童的心理状态术语的习得也遵循“指向愿望－指向信念”的发展模式（Barstch、Wellman，1995；Shatz et al.，1983）。一些学者（桑标、马丽雳、邓赐平，2004；Tardif、Wellman，2000）以汉语儿童为研究对象，发现汉语儿童的心理状态术语的使用也具有跨文化的一致性，即随年龄的增长具有“指向愿望－指向信念”的维度特征。

3—5岁汉语儿童在看图叙述中，随着年龄的增长，信念术语在认知术语总数上所占的比例越来越多，4—5岁发展得较快（张长英等，2012）。这与以往的研究相一致，也从一定程度上说明儿童心理状态术语的习得特征，即从指向愿望到指向信念的发展模式。形成这种发展模式可能由于以下原因：一是愿望词往往和简单句联系在一起，如“我要苹果”；而信念词往往跟补语结构等较复杂的句子联系在一起，如“我以为这是一只狗”。儿童的句子结构的发展遵循“单词句—电报句—简单句—复杂句”的发展顺序，因此，愿望词的发展要早于信念词的发展。二是可能由于简单的愿望概念只需分析他人的行为目的就行了，但信念概念则需要了解他人基于物体或事件的想法或知识等这类复杂的表征理解能力（Tardif、Wellman，2000）。三是可能由于在早期的亲子谈话中，母亲谈论最多的是自己或他人的愿望而不是信念、想法等，以往的一些研究也证明了这一点（Bartsch、Wellman，1995；Ferres，2003）。

在叙述话语中，汉语儿童产生的认知术语的数量较少，且使用种类较少，主要有“要”“想”“觉得”“以为”“知道”等，其中“想”和“要”所占比例最大（张长英等，2012）。此研究相对于陆慧菁等人（2007）的自传体回忆方式更能激发儿童产生较多的心理状态术语，这可能与研究方法与实验材料有关。在Tardif和Wellman的研究中也发现，汉语儿童的心理状态谈话典型地依赖于“要”“想”“知道”这些心理状态术语。桑标、马丽雳和邓赐平（2003）比较了Nielsen等人（2000）的研究，发现澳大利亚儿童在假装游戏中使用心理状态术语的平均频数为7.8次/小时，而汉语儿童在假装游戏中使用心理状态术语的频数为2.6次/小时。这可能由于西方成人更加关注信念、想法，而中国成人更加关注目的、意图和行为。当孩子开始思考时，这种文化价值观就在孩子身上有了折射。一些跨文化的研究也发现，在给孩子讲故事中，西方母亲更多地谈论自己的想法和情绪，鼓励孩子独立思考；而中国母亲描述适当的行为，不关注个人感受，很少考虑到情绪，且很重视道德习俗和行为标准（Doan、Wang，2010；Wang，2001；Wang、Leichtman、Davies，2000）。

二、3—5 岁汉语儿童心理状态术语理解的发展特点

汉语儿童在心理状态术语理解上具有与其他文化背景的儿童一样的发展轨迹。直到 5 岁，儿童才能较好地区分一些心理状态术语，能理解“知道”一词，但他们仍然不能区分事实性动词“知道”和表达高度确信的非事实性动词“相信”。母语为英语的儿童约在 4 岁时，能较好地理解心理状态术语，可以区分像“知道”和“认为”“想”这样的心理状态术语（Bartsch、Wellman，1995；Furrow et al.，1992；Moore et al.，1989），但 4 岁儿童还不能区分“想”和“猜”的含义（Moore et al.，1989），5 岁儿童在实验中已很好地将行为反应和使用适当的心理状态术语结合起来（Flavell，1999；Cherney，2003）。Moore 和 Davidge（1989）认为儿童理解不同确信程度的心理状态术语最主要基于心理状态术语的事实性和非事实性的理解。5 岁儿童可能将表达高度确信的“相信”看作一种事实动词。4 岁汉语儿童，仅仅能将事实性动词“知道”从“以为”“想”非事实动词中区分开来，而不能区分任何一对表达不同确信程度的非事实性心理状态术语。3 岁汉语儿童往往选择自己较熟悉的词语，如“想”，还不能区分“知道”与其他非事实性词语。对于日常生活中经常出现的情景，交谈中经常使用的心理状态术语，3 岁儿童也能很好理解，如“理解”一词。不过，对于一词多义的词语（如“想”），较小的儿童却不能针对不同的情景选择不同的语义。为什么较小儿童不能分辨不确定性的心理状态术语，一种可能的重要机制是儿童主观感受到情感的不确定性，儿童的知识只有两分类法，

他们会把不确定情感归因于错误信息或者无信息（Parrott，1994）。随着日常生活中每天经历的模糊信息的不确定性的增多，儿童逐渐形成一个正确的观念，去解释那些不确定的东西，最后形成一定程度的确定性的认识。自闭症儿童也是如此，Li 等（2013）为了研究自闭症儿童心理状态术语的使用情况，考察了他们对代表真实信念的事实动词（如“知道”）和代表错误信念的非事实动词（如“以为”“想”）的理解情况。研究结果表明，无论是自闭症儿童，还是同样年龄的正常儿童和同等言语心理年龄的正常儿童，理解“知道”事实动词都显著好于“以为”非事实动词，自闭症儿童理解心理状态动词的能力显著低于同等年龄的正常儿童。

由于不同文化背景下儿童都经历了共同关注、社会参照、模仿等一系列的社会经验，他们在日常生活中不断地与他人交谈，尤其是早期亲子谈话。在交谈的过程中，通过对不存在的事物和过去事件的讨论，交谈双方交流了信息，逐渐地理解了不同心理状态术语的涵义，造成了这种心理状态术语理解的跨文化一致性。

第四章　心理状态术语与儿童心理理论发展

儿童心理理论发展与心理状态术语的关系研究主要集中在儿童心理状态术语输入的频数是否与心理理论水平有关、儿童对心理状态术语的产生以及真正的理解是否可以预测心理理论的发展水平等方面。

第一节　心理状态术语的输入与儿童心理理论发展

Olson（1988）指出儿童心理状态术语的产生会导致一种元意识，这种意识是所有语言的表达方式，是内部信念的外部再现，而这些内部信念又影响了人们的行为。这种心理状态术语的出现会促使儿童学习者关注那些原来被忽略的内隐想法和信念（Gopnik、Meltzoff，1997）。这些观点激发了许多研究者探讨心理状态术语输入与儿童错误信念理解关系的兴趣。为了评估这种关系，研究者主要采用观察法收集谈话中的自然语言样本，然后分析自然语言样本中心理状态术语的使用情况。综观大量的国内外文献发现，不管是纵向研究还是横向研究，大多数研究都表明大量心理状态术语的输入与错误信念理解成绩密切相关。这些研究主要集中在亲子对话、兄弟姐妹或同伴游戏等情境中心理状态术语的输入与儿童错误信念理解发展的关系。作为儿童早期言语的输入，研究者们首要关注的是父母亲（尤其是母亲）心理状态术语的使用与儿童错误信念之间的关系。

下面主要回顾亲子对话中心理状态术语的输入对错误信念理解影响的研究。

有研究表明，儿童语言能力本身和语言交流情境都和错误信念理解关系密切（Milligan、Astington、Dack，2007；Rosnay、Hughes，2006）。而在儿童的语言交流情境中，Dunn 等（1991）跟踪研究 7 个月后发现，经常讨论情绪和心理状态因素的家庭中成长的 40 月龄儿童在错误信念成绩上表现得更好。

西方研究者采用不同的研究方法引发亲子谈话，如有些研究者让母亲给儿童描述一系列图片或讲故事，记录他们之间的谈话（Adrian、Clemente、Villanueva，2007；Ruffman、Slade、Crowe，2002；Slaughter、Peterson、Mackintosh，2007）；有些研究者直接观察记录母亲和儿童日常生活下的谈话（Brown、Donelan-McCall、Dunn，1996；Dunn et al.，1991）；还有些研究者只要求母亲对儿童情况随意描述（Meins et al.，2002）或讲述平常与儿童谈论心理状态的情况（Meins et al.，2002；Ruffman、Perner、Parkin，1999）等。许多研究采用不同的研究方法得出一致结论，母亲在亲子谈话中心理状态术语的使用数量与儿童错误信念理解能力有关，母亲谈论的心理状态术语越多，儿童的错误信念理解能力越强。Ruffman 等人（2002）的纵向研究为以上观点提供了更全面的证据。他们在一年内进行了三次跟踪测量，分别在儿童 3 岁、3.4 岁和 4 岁时进行了测量，每次收集的指标包括亲子谈话内容、儿童错误信念理解能力、儿童的语言能力及儿童早期自发使用心理状态术语等信息。研究结果发现，控制儿童早期自发使用心理状态术语情况、错误信念理解、语言能力、年龄及母亲的教育水平等因素后，母亲早期心理状态术语的运用（如“以为”“知道”的认知术语、“高兴”“难过”等情绪术语和“哭”“笑”“疼痛”等身体状态术语）和随后的儿童错误信念理解发展均显著相关。不过，在任何一个测量点上，儿童前次的错误信念理解成绩均不能预测随后的母亲心理状态术语的使用情况。也就是说，母亲心理状态术语的使用和儿童错误信念理解发展之间并不呈双向关系。Adrian 等人（2005）研究也证实了亲子联合阅读故事书的频数和是否使用心理状态术语均与错误信念任务的表现显著相关。Adrian 等人（2007）研究也发现，儿童 3 岁初的亲子阅读中，母亲的心理状态术语（尤其认知术语）预测了儿童 5 岁末的错误信念理解能力。Ensor 和 Hughes（2008）的研究直接观察记录了亲子交往过程中母亲心理状态术语的使用情况，发现了类似的结果。新近的研究发现，亲子对话中的父母亲心理状态术语与儿童心理理论发展的关系随着家庭经济地位的不同而不同，中等经济地位德国家庭的儿童心理理论发展与父母亲详尽的心理状态术语使用呈较高的正相关，而低经济收入德国家庭的儿童心理理论发展与父母亲非详尽的心理状态术语使用呈高相关（Ebert et al., 2017）。

以聋哑儿童为被试的研究中，也发现了亲子谈话中母亲心理状态术语的使用与儿童错误信念理解关系显著。如 Moeller（2003）的实验中，以 26 名聋哑儿童为被试。研究设计了多种亲子游戏情境，从而诱发亲子心理状态谈话，通过录像收集母亲的手语、聋童的语言能力以及标准错误信念任务成绩等方面的数据。实验结果表明，在控制聋童语言能力后，母亲产生心理状态术语的频数与聋童的错误信念理解成绩显著相关。Morgan 等人（2014）的研究发现在英国和瑞士，听力正常儿童的母亲在亲子谈话中比聋哑儿童母亲使用更多的心理状态术语和有效实际交际的话语轮换。

总之，西方文化背景下的大量研究均表明，母亲使用心理状态术语可以促进儿童错误信念理解的发展。亲子谈话中对心理状态的谈论之所以能够影响儿童错误信念理解的获得与发展，可能是因为母亲的心理状态语言担当了儿童理解自己和他人心理状态的脚手架（Ruffman、Slade、Crowe, 2002），母亲谈论心理状态的语言使得抽象的心理状态能够被语言的外显线索表达出来（郝坚，2010；Hao、Su、Chan，2010），从而引起儿童对此的关注。

中国抚养者在亲子对话中的心理状态术语的运用与儿童错误信念理解关系如何？国内这方面研究还较少。有学者（桑标，李燕燕，2006）通过亲子互动游戏来考察亲子间心理状态术语、非心理状态术语使用与3—5岁儿童错误信念理解之间的关系。研究结果表明，控制儿童的年龄因素后，儿童的错误信念理解发展和母亲心理状态术语的使用存在显著相关；母亲及儿童非心理状态术语的使用与儿童心理理论发展存在显著相关，但当控制了母亲和儿童的心理状态术语使用总数后，便不再存在这种显著相关。然而也有其他数据表明国内的亲子谈话中很少提及心理状态，更多地谈论行为，很少出现心理状态术语，母亲心理状态术语的使用与儿童错误信念理解不相关（Wang，2007；Wang、Doan、Song，2010；Wang、Fivush，2005）。这种研究结果的不一致可能是由于心理状态术语的测量方法不同所导致。前者通过观察与母亲的游戏互动测得，而其他研究则采用自传体记忆任务的方式编码出心理状态术语，从而造成心理状态术语的数量有所差异。

第二节　心理状态术语的输出与儿童心理理论发展

综观大量文献发现，在儿童心理状态术语的产生与错误信念理解关系的研究中，主要集中在研究儿童的叙述话语中（俗称讲故事）产生的心理状态术语与错误信念理解的关系。这类研究的主要思路是利用图画、录像等材料引发儿童叙述或请儿童根据研究者提供的主题创编故事（李甦、李文馥、杨玉芳，2006），通过分析儿童讲述出的语言材料来探查其讲述能力的发展，并将这些语言材料划分多个指标，其中包括心理状态术语，来探讨与错误信念理解的关系。

有一部分研究集中在通过创设情境（如让儿童回忆上一次生日是怎样度过），让儿童回忆过去经历事件（陆慧菁、苏彦捷，2007；Lu、Su、Wang，2008；Wang，2004；Kleinknecht、Beike，2004；Welch-Ross，1997），从而收集分析叙述话语中的心理状态术语。大多数以英语儿童为被试的研究表明，儿童的回忆叙述话语中运用越多的心理状态术语，错误信念任务表现得就越好。而以中国儿童为被试，研究发现中国 3—4 岁儿童的回忆很少涉及心理状态和个人信念，且出现地板效应，与错误信念成绩无关。而回忆谈话中提及其他个体的数目和提及他人的次数越多，提及的他人 / 自我次数比越高，推理心理状态的能力越好（陆慧菁、苏彦捷，2007；Lu、Su、Wang，2008；Wang，2004）。

另外一些学者研究假装游戏、玩耍等情境中儿童自发言语的心理状态术语产生情况。研究表明，假装游戏中心理状态术语与错误信念理解显著相关（Brown、Donelan-McCall、Dunn，1996；Hughes、Lecce、Wilson，2007；Nielson，2000）。假装游戏是诱发儿童使用心理状态术语的主要情境之一（Hughes、Dunn，1997）。Brown、Donelan-McCall 和 Dunn（1996）研究了 4 岁儿童自发话语中认知术语的使用（如“认为”“想”等）与错误信念理解之间的关系。研究结果表明，儿童对同伴谈论认知方面自发产生的话语中，产生最多的术语是“假装” 和“梦想”，占总的认知心理状态术语的 70%。而且谈论认知术语的频数，尤其是“假装”，显著预测了儿童在标准错误信念任务上的表现。Nielson 等人（2000）的研究发现 3—4 岁儿童错误信念的理解能力与真正指向心理状态术语的使用存在一定相关，且有些类别的假装游戏还可引发儿童更多地使用心理状态术语。但是他们的研究没有对一般语言能力这个重要变量进行控制。Hughes、Lecce 和 Wilson（2007）采集了 44 名 4 岁儿童在家中与兄弟姐妹、在幼儿园与好友玩耍情境中心理状态谈话与错误信念之间的关系。研究者将心理状态谈话划分为两个编码指标，心理状态类型（情绪 / 愿望状态和认知状态）和心理状态谈话参照物（自己和他人 / 共享）。研究结果表明，无论谈论情绪 / 愿望状态还是认知状态都与错误信念理解存在显著相关。

中国学者（桑标、马丽霁、邓赐平，2004）以 57 名 3—5 岁汉语儿童为被试，拍摄了每对儿童的假装游戏情境，并让其完成了两项标准错误信念任务和一般语言能力测试。研究结果发现，中国儿童似乎比西方儿童在假装游戏中较少使用心理状态术语，尤其是信念动词。研究结果也表明，儿童在错误信念任务上的表现与假装游戏中整体“心理状态术语的使用”

存在显著相关。

还有一些研究以图画作为实验材料来引发儿童讲述，通过分析儿童叙述话语的各类指标来探讨与错误信念成绩之间的关系。这类研究大多采用一套连环画或无字图画书或少量图片作为实验材料，研究结果不尽一致。有些研究发现，儿童看图叙述话语中心理状态术语的使用与错误信念理解能力密切相关。Symons、Peterson 和 Slaughter（2005）研究表明 5—7 岁儿童自己讲故事与父母一起看故事书一样，叙述话语中自发的心理状态术语使用得越多，其错误信念任务表现得就越好。在其他群体中（如自闭症儿童、聋哑儿童等）也发现了这种关系。Tager-Flusberg 和 Sullivan（1995）研究发现自闭症儿童、智障儿童与正常发展儿童一样，对无字图画书的叙述话语中认知术语的使用与错误信念理解能力呈正相关。Peterson 和 Slaughter（2006）以后天手语聋童为研究对象发现，那些在叙述话语中自发运用富有想象的认知术语（如"想象""假装"）的聋哑儿童更可能通过错误信念任务。Peters、Remmel 和 Richards（2009）研究了 30 名 3—12 岁植入人工耳蜗的聋童，通过行为解释任务来测量其错误信念理解能力，从无字书讲述中获得表达性语法和词汇数据信息。研究结果表明，年龄、一般语言能力和自发的心理状态词汇运用，尤其是认知词汇预测了儿童的错误信念理解能力。有些跟踪研究也发现，儿童早期的心理理论能力直接或间接地促进了后期谈心能力的增长（Hughes、Ensor、Marks，2010）。

当然，也有研究发现这两者并不存在显著相关（Marschark et al.，2000；Rieffe、Meerum，2000）。Charman 和 Shmueli-Goetz（1998）考察了儿童的错误信念能力、一般语言能力和看图叙述能力，将儿童的叙述话语编码为四个指标：长度 / 复杂度、故事结构、指称策略和心理状态术语使用。研究结果发现，错误信念成绩与心理状态术语使用的关系不显著。Curenton（2004）以非裔美国人和欧裔美国人两类群体中低收入家庭的 72 名 3—5 岁儿童为研究对象，采用无字图画书考察了这些儿童的看图叙述话语能力，用一项意外地点任务测查了幼儿的错误信念理解能力。将儿童的叙述话语编码为四个指标：连贯性、复杂性、心理状态术语使用（认知术语、意志术语和情绪术语）和叙述质量等。研究结果表明，控制了年龄之后，心理状态术语与错误信念理解间没有必然的联系。当然，研究者也指出该研究被试数量较少，产生的叙述话语样本也就有限，且仅采用一项意外地点任务来测查复杂的错误信念理解能力。这些局限性都限制了研究结果的可信度。

综合已有的文献发现，研究者们从不同的研究视角，设计不同的研究情境，得出的研究结果不尽相同，叙述话语能力与错误信念之间的关系还需要进一步探讨。

第三节　心理状态术语的理解与错误信念理解的发展

一些研究者（Olson，1988）提出儿童在理解错误信念之前必须先理解心理状态术语，理解“假装 X”和“认为 X”之间的差异，并不是“害怕 X”与“害怕 Y” 或“认为 X ”与“认为 Y”之间的差别，在心理状态理解中是非常重要的一环（Olson，1988；Ruffman et al.，2003）。Bartsch 和 Wellman（1995）也指出心理状态术语是学习者社会理解的脚手架。目前有一些实证研究，尤其是来自跨文化领域的研究证实了儿童对心理状态术语确信程度的理解在错误信念理解中起着关键作用。

Moore 等（1990）首次考察了 4 岁儿童对话语确信程度的理解程度与错误信念理解之间的关系，并比较了心理状态术语（知道 – 认为）和情态动词（一定 – 可能）理解的差异。实验对象是 26 个说英语的 4 岁儿童，让他们参加根据两个木偶的不同话语判断东西藏在哪个箱子里的游戏，这两个木偶说着含有不同心理状态术语或情态词的陈述句，比如：一个木偶说“我知道在红箱子里”；另一个木偶说“我认为在蓝箱子里”，然后让儿童判断东西藏在哪个箱子里。并且儿童们也接受一个意外内容任务（装有蜡笔的糖果盒）和两个外表 – 事实区分任务（类似一本书的橡皮擦和类似苹果的蜡烛）来测定错误信念理解能力。研究结果表明，心理状态动词理解和情态动词理解成绩高度相关，心理状态术语的理解与错误信念任务成绩密切相关，这种结果似乎暗指 4 岁儿童可能发展了一种心理状态概念的一般理解能力。

Shatz 等（2003）为了探讨不同语言中的心理状态术语词义的差异是否影响 3—4 岁儿童在标准错误信念任务上的表现，比较了土耳其儿童（母语是土耳其语）、波多黎各儿童（以西班牙语为母语）、美国儿童（以英语为母语）和巴西儿童（以葡萄牙语为母语）等四种不同语言儿童在标准错误信念任务上的表现（错误信念任务分别以各自母语呈现）。结果发现，土耳其和波多黎各 3 岁和 4 岁儿童的标准错误信念成绩都明显高于美国和巴西儿童。研究者认为，这一差异可能是由四种语言词汇的明确程度造成的，其中土耳其语和西班牙语中有明确标示错误信念的动词，而葡萄牙语和英语中没有这样的心理状态动词，如土耳其语中的 dü ， ün3，dü ， ün，san3（3 表示词根），它们在土耳其语中分别表示一种心理状态：一种中性的信念和一种错误的信念，而英语中只用“think”一词来表示。词汇本身的明确性影响了不同国家儿童在错误信念任务中的表现，但这种影响仅仅表现在错误信念任务中含有心理状态术语的想法预测问题上，而在行为预测问题上没有差异。这种影响效果的局限性表明语言在认知上的影响是相当有限的。

Matsui、Yamamoto 和 McCagg（2006）研究了日本儿童对心理状态术语确信程度和句子终助词（sentence-final particles）的理解与错误信念理解的关系，研究结果指出仅仅是心理状态术语的确信程度理解和错误信念关系密切，而不是句子终助词。研究也指出 3 岁日本儿童就能够理解说者表示确信的助词“yo”和不确信助词“kana”，因为这两类助词在对话中经常使用；他们也比美国儿童早一年理解说者表达“我知道”和 “我认为”的不同确信程度。但这种语言刺激在错误信念理解只存在局部效应，这与以前的研究相一致（Lee et al.，1999；Shatz et al.，2003）。这可能由于心理状态术语语义的整体表征并不能完全与错误信念任务中所要求的表征一致（Matsui、Yamamoto、McCagg，2005）。此项研究将语言刺激对错误信念理解的影响扩大到语境上。

在汉语中，也存在一些心理状态术语可以外显地指出“正确地认为”，而有些动词又可以外在地标示“错误地认为”，于是激起了一些研究者对汉语儿童心理状态术语与错误信念理解关系研究的兴趣。Lee、Olson和Torrance（1999）为了了解汉语特有的语言差异对中国儿童错误信念理解上的影响，主要考察了三个不同的信念动词（“想”“认为”“当”）对错误信念测验成绩的影响。因为这三个信念动词的明确程度不一样，“想”被认为是比较中性的词语，“以为”可指出信念、想法可能是假的，而“当”是汉语中比较口语化的词语，表达的句义往往是一种错误信念，如“我当那是个铅笔”。随机选取了188名3—5岁的汉语儿童，采用混合设计，将儿童随机分为三组，每一组都要完成三个同样的错误信念任务，包括意外地点任务、意外内容任务、外表－事实区分任务各一个。每组唯一的差异就是在三个错误信念任务中的提问部分使用不同的信念术语，如：“在我打开盒子之前，你想/以为/当它里面是什么？”研究结果表明：汉语儿童在错误信念理解上表现出和西方儿童一样的发展模式。也就是说，3—5岁汉语儿童，随着年龄增加，错误信念成绩也不断提高；且在不同信念术语下的错误信念任务表现也不同——儿童在“以为”和“当”条件下的表现显著好于在“想”条件下，这一点表明儿童在错误信念成绩上的表现可能受问题中心理状态术语的影响。

Tardif、Wellman和Cheung（2004）调查了96名3—5岁的讲广东话儿童三个错误信念任务，包括意外地点任务、意外内容任务和欺骗物体任务（实际是外表－事实区分任务）。在每个任务的问题中操纵两个心理状态术语：“啱”（汉语普通话意思是“正好”或“合适”）、“估喺”（汉语普通话意思是“以为”）。将被试随机分为两组：“啱”组和“估喺”组。研究结果表明，“估喺”组被试的错误信念成绩显著好于“啱”组被试；进一步分析发现，在欺骗物体任务中，排除那些没有通过控制问题的被试之后，其余所有3、5岁被试的错误信念成绩在“估喺”条件下好于“啱”条件下成绩，但4岁组在两种条件下没有达到显著差异；在意外内容任务中，无论哪种年龄组，“估㗎”条件下的被试错误信念成绩都显著高于“啱”组被试；而在意外内容任务中，心理状态术语的主效应不显著，这可能由于所有被试在这个任务中的较差表现掩盖了两组心理状态术语间的差异。

虽然以上两项汉语儿童研究已发现不同信念术语理解与错误信念任务成绩间存在显著关系，然而这两项研究是在实际的错误信念任务问题中操作不同的信念术语，又可能非事实动词本身特点会让儿童在不理解错误信念故事后给出一个正确的答案。在此基础上，Cheung、Chen和Yeung（2009）分开测量了心理状态动词语义、补足语的理解能力，从而进一步考察心理状态术语语义、补足语与错误信念理解之间的关系。研究中，主要关注一些表达肯定或否定的心理状态术语，如两个肯定性事实动词zi1-dou3(知道）和faat3-jin6（发现），还有两个否定性事实动词gong2-daai6-waa6（说大话）和ji5-wai4（以为）；而句子补足语主要是那些表达他人想法而非事实的句子补足语，采用De Villiers和Pyers（2002）的研究范式。结果表明，当控制了非言语智力和一般语言能力，心理状态术语语义预测了4岁儿童的错误信念理解，尤其是儿童对非事实动词语义（gong2-daai6-waa6和ji5-wai4）的理解更强地预测了错误信念理解能力。

第四节 心理状态术语与儿童心理理论发展的研究问题与展望

多年来，针对错误信念理解与心理状态术语问题，研究者们给予了极大的关注和高度的重视，在理论和实证层面都展开了大量的研究，也取得了相应的研究成果。不过，现有的研究发现仍不乏相互矛盾之处，这也反映了该领域研究的复杂性及进一步研究的必要性。具体而言，该领域的研究存在以下三个方面的问题。

一、研究视角较单一

如前面所述，调查心理状态术语和儿童错误信念理解的关系的大部分研究都考察了亲子谈话。他们基于的理论假设是儿童可以从亲子谈话中通过观察进行学习（Bandura，1986；Piaget，1962）。因此，儿童也能通过观察别人的谈话了解不同的信念。研究视角主要落在母亲的心理状态术语与儿童错误信念理解之间的关系，对儿童心理状态术语的自发产生与错误信念理解之间的关系研究更少。国内对这方面研究更少，仅有的研究主要集中在苏彦捷等人（2006，2007，2008，2009）对儿童的自传体回忆中的相关变量对错误信念理解影响的研究上，还有桑标等人（2004，2006）也探讨了假装游戏情境中的儿童心理状态术语的使用与错误信念理解之间的关系。而在这些有限的研究中，也有不一致的结论，这可能是由于心理状态术语的测量方法不同所导致（商冲晨、莫书亮，2010）。因此，需要我们从其他情境出发探讨汉语儿童的心理状态术语自发使用情况及其与错误信念间的关系。

二、研究设计一元化

大多数研究者主要采用静态的横断研究设计，而探讨错误信念与语言的关系的重要证据在于跟踪研究的结论（Slade、Ruffman，2005）。虽然也有一些跟踪研究，也往往存在缺乏控制一些重要的无关变量，如年龄、一般语言能力。De Villiers 和 Pyers（2002）通过跟踪研究得出，特殊的语法能力对心理理论有独一无二的预测作用。但这个研究有以下局限：第一，被试数目太少；第二，研究中的回归分析并没有控制年龄和第一次心理理论成绩。Ruffman 等人（2003）的研究设计虽然是跟踪研究，但研究结果也不确定，研究者仅仅考察了早期语言和以后错误信念的关系，而没有考察早期错误信念和以后语言的关系。且这些跟踪研究大多数以英语儿童为研究被试，以汉语儿童为研究对象进行语言与错误信念理解的跟踪研究甚少。因此，有必要设计更精细的跟踪研究设计，研究汉语儿童心理状态术语的使用量和其错误信念理解发展水平，进一步考察两者关系的具体过程。同时还可以对儿童进行干预训练，从而揭示心理状态术语的使用与儿童心理理论发展间的关系。

三、研究机制不清

在心理状态术语的使用怎样促进儿童错误信念理解发展的问题上，目前主要有三种观点。第一种观点是将心理状态术语的促进作用归功于心理状态术语的语义上（Brown、Donelan-Mc Call、Dunn，1996；Cheung、Chen、Yeung，2009）。因为这种语义引起了儿童对心理状态的关注，由此可促进儿童对自身或他人心理状态的认识与理解。第二种观点是将这种促进作用归功于语法。以De Villiers及其研究团队为主，认为含有心理动词的句子补足语的特定句法结构为表征错误信念理解提供了必要的语言格式，促进了儿童对个体心理状态的理解和概念化（莫书亮、苏彦捷、张亚旭，2007；De Villiers、Pyers，2002）。第三种观点以Harris为主，他们又将这种促进作用归功于语用。例如“小亮认为那是一条狗”这个句子，实际上说者想要表达某人（小亮）对某个事件（那是一条狗）的某种看法、见解。使用“认为”这种心理状态术语有助于说者更好地阐明某人特定的心理状态或对某个事件的个人观点，以及不同个体各自可能拥有着不同的见解（Harris、Rosnay、Pons，2005）。对于以上三种观点，各有不同的实验证据来支持。也有可能三种观点结合在一起共同解释心理状态术语的使用是如何促进儿童心理理论发展的。因此，心理状态术语的使用对儿童心理理论发展影响的机制还有待进一步研究。

第五章　心理状态术语输出与儿童心理理论发展的实证研究

跟踪研究与横断研究相比更能揭示变量间的关系。为探明汉语儿童看图叙述中心理状态术语的应用及其与错误信念理解能力的关系，并短期追踪二者相互作用的方向，采用3—5岁儿童为研究对象，纵向探查了儿童看图叙述中心理状态术语的使用情况和错误信念能力的发展状况，并从横向和纵向两个时间点分别探讨了心理状态术语的运用与错误信念理解的关系。

第一节　心理状态术语的输出与经典错误信念理解的跟踪研究

儿童到3岁之后才开始逐渐具有理解他人信念的能力，并以此预测和解释他人的行为，语言在这个发展进程上起着关键的作用已成为公认的事实。其中，有些研究者将研究视角放在了叙述谈话（narrative discourse）对错误信念理解的影响上（Ensor、Hughes，2008；Hughes、Dunn，1998；Meins et al.，2002；Ruffman、Slade、Crowe，2002；Ruffman et al.，2006；Symons et al.，2005），而关注焦点又放在了亲子共读中母亲心理状态术语的使用对儿童错误信念理解的影响上。从理论上讲，亲子间对自己或他人想法、意图和情感等方面的谈话是儿童社会理解的基石（Carpendale、Lewis，2004；Harris，1999；Meins，1997），是儿童进入"思想群落"（community of minds）的关键事件（Nelson et al.，2003）。研究也证实了亲子谈话时母亲对心理状态的谈论能独立预测儿童的错误信念理解成绩（Ruffman et al.，2005）。

谈话也可以界定为一种比较正式的对某一主题思想的扩展表达，如讲故事这种叙述话语（Symons et al.，2005）。叙述话语是各种复杂语言特征的集成者，这些特征从理论上应使叙述话语比语言的任何孤立方面对于心理理论发展更起决定性作用（Hutto，2008；Nelson，2003；Tomasello，2005）。在4—6岁期间，儿童的叙述话语能力快速发展。儿童从仅仅只有行为观察的描述转向内部状态归因和目标、目的的陈述。同时，在他们的叙述话语中也开始涉及代词、（不）定冠词等虚词；并逐渐地包含了信念、知识和间接引语动词，并能指向主人公的心理状态和推断。若儿童并非在父母亲引导下自发地独自谈论心理状态，这可能是一种作为一个有意识的心理人开始发展的有效指标（Bartsch、Wellman，1995）。也正是在4—6岁时，儿童逐渐通过错误信念理解任务。这两者有什么必然的联系呢？国外一些研究也表明，儿童自己讲故事时，涉及故事主人公心理状态的谈话越多，其错误信念理解成绩越好（Kleinknecht，2004；Peterson、Slaughter，2006；Symons、Peterson、Slaughter，2005）。但这方面的研究目前研究结果并不一致，两者间的关系方向也不是很清晰。

在国内，许多心理学者、儿童教育学者主要探讨儿童看图说话能力的发展特点（李林慧、周兢、刘宝根，2011；李甦、李文馥、杨玉芳，2006；武进之、应厚昌、朱曼殊，1984；朱曼殊、武进之、缪小春，1979）。这些研究指出了4岁后汉语儿童在故事讲述中逐渐关注主人公的心理状态理解。不过，一方面，在这类研究中并没有涉及心理状态术语的使用，也没有关注儿童叙述话语能力与错误信念理解能力的关系。另一方面，一些心理学者从其他研究情境中探讨了儿童心理状态术语使用与错误信念理解研究方面两者的关系，但研究结论并不一致。一些研究指出汉语儿童的回忆话语中，较少涉及心理状态术语，尤其是认知术语很少使用，且出现了地板效应，与错误信念理解不存在显著相关（陆慧菁、苏彦捷、

2007；Lu、Su、Wang，2008；Wang，2014）。也有些研究指出汉语儿童在同伴假装游戏和亲子互动游戏中，有关心理状态的术语运用得越多，错误信念理解成绩越好（桑标、李燕燕，2006；桑标等，2004）。

鉴于以上问题，汉语儿童在看图讲述这种情境中，心理状态术语使用的情况又如何，与错误信念理解之间的关系会怎样呢？由于探讨错误信念与语言的关系的重要证据在于跟踪研究结论（Slade、Ruffman，2005），通过纵向的跟踪研究不仅能考察儿童错误信念和心理状态术语的发展情况，而且更易判断出两者之间的动态关系，挖掘更多的内部信息。因此，本章通过跟踪研究，分析儿童看图叙述话语中的心理状态术语使用情况，初步探寻其与错误信念之间的关系，进一步丰富汉语儿童心理理论发展的研究。研究目的有两个：第一，探讨3—5岁儿童看图叙述中心理状态术语的使用情况；第二，考察3—5岁儿童看图叙述中心理状态术语的使用情况与错误信念理解的关系。

一、研究方法

（一）被试

随机选取常州某幼儿园6个班级中101名3—5岁儿童，其中，男童57人，女童44人。根据老师报告和儿童资料，所有被试均说普通话，没有任何心理和行为问题或语言障碍。首次测试时，被试年龄为36个月到69个，M=54.03，SD=9.10。第2次测试（3个月后）时，由于生病或转学等原因，缺失3个被试，被试数为98名，年龄为39个月到72个月，M=57.20，SD=9.10。并不是所有的儿童在每个时间点上都完成了所有任务，因此在单个任务分析中人数并不一致。

（二）实验任务

1. 一般语言能力

选用华东师范大学修订的麦卡锡幼儿智能量表（中国修订版）的语言

分量表（MSCA-CR）（陈国鹏、李丹，1994）测查儿童的一般语言能力。该量表包括图画记忆、词语知识、词语记忆、词语流畅性、反义类推 5 部分，总分 96 分。该分量表的稳定性系数为 0.85，分半相关系数为 0.95，说明该分量表具有较高的重测信度和内部一致性。该分量表还有较高的准则关联效度，与韦克斯勒学前儿童智力量表的语言智商分量表的相关为 0.64。本研究使用正确回答的原始分数进行统计分析。

2. 错误信念任务

错误信念任务包括意外地点任务、意外内容任务和外表 – 事实区分任务各一个。三次意外地点任务均采用 flash 形式呈现材料，其他任务采用道具演示的方法。第二次测试材料故事框架不变，材料稍微变化。

（1）意外地点任务

采用 Wimmer 和 Perner（1983）的经典研究范式。主试让被试观看 flash 了解故事情节（第二次测试时采用结构相同，但故事人物、被转移物体和转移地点不同的故事）：懒羊羊在房间里玩小车。一会儿，美羊羊叫懒羊羊出去玩，他把小车放在玩具箱里，自己就出去玩了。当懒羊羊不在家时，喜羊羊来了，他把小车放到被子里就出去了。懒羊羊回来后，他又想玩小车。这时问被试如下问题：

"懒羊羊出去玩之前，将小车放在哪里了？"（记忆控制问题）

"小车现在在哪里？"（事实检测问题）

"懒羊羊回来后先到哪里去找小车？"（行为预测问题）

"懒羊羊觉得小车在哪里？"（想法预测问题）

前两个问题是考察被试对故事的理解程度，若回答错误，再将故事讲一遍。直至三遍，若被试还不理解，排除该被试。涉及错误信念理解的是后两个问题，均为 0/1 记分，此任务的最终得分为 0 ～ 2 分。

（2）意外内容任务

采用 Gopnik 和 Astington（1988）的经典研究范式。主试以道具演示的方式呈现测试内容（第二次采用材料是装有铅笔的牙膏盒）：主试向被试出示薯片盒，然后问儿童里面装的是什么。然后主试打开盒子，拿出来一个小型玩具车。把玩具车放回盒子，并盖上盒盖。主试提问：

"现在里面放的是什么？"（检测问题）

"在打开盒子之前，你觉得盒子里面放的是什么？"（表征转换问题）

"如果你们班上的 ×××（其熟悉的某个儿童）从来没有打开过这个盒子，我给他看这个盒子，他会觉得里面放的是什么？"（错误信念问题）

第一个问题是考察儿童对故事的理解程度，若回答错误，再将故事讲一遍。表征转换问题和错误信念问题均为 0/1 记分，此任务的最终得分为 0 ～ 2 分。

（3）外表 – 事实区分任务

采用 Gopnik 和 Astington（1988）的经典研究范式。以道具演示的方式呈现测验内容（第二次采用材料是塑料制成的柠檬片）：主试与被试隔着桌子面对面而坐，让他们判断是什么。在儿童辨认为"香蕉"之后，让他们用眼看，用手摸。主试指着它问：

"它实际上是什么？"（检测问题）

"在你没有摸之前，你觉得它是真的还是假的？"（表征转换问题）

"如果你们班上的 ×××（其熟悉的某个儿童）一进门看到它，还没有给他 / 她摸，他会觉得是真的还是假的？"（错误信念问题）

表征转换问题和错误信念问题均为 0/1 记分，此任务的最终得分为 0 ～ 2 分。

3. 叙述话语能力

让被试讲述一本主人公含有丰富心理状态的图画书（两次测试采用系列图书的一本，每本 21 ～ 22 页）。先让被试将图画书从头到尾看一遍（约 1 ～ 2 分钟），然后给被试说："请你仔细看这本书，然后边翻书，边讲给我听，讲讲图片上画的什么。讲得越多越好。讲完后，阿姨奖励你一张漂亮的贴花纸。"图画始终放在儿童面前。如果被试沉默或自动停止叙述，则重复被试最后一句话，再问"然后呢？"诱发被试继续讲述，直到被试说"没有了"或"不知道了"就停止，每位被试大概 10 ～ 15 分钟。采用录音记录和现场记录相结合的方式，记录被试的讲述内容。实验后将录音转成文本。根据研究目的，结合被试的故事叙述内容，参照以往相关研究编码（桑标、马丽雳、邓赐平，2004；Slaughter et al.，2000；Symons、

Fossum、Collins，2006；Taumoepeau、Ruffman，2006）。由于汉语的一词多义现象，同样的词按照所表达的不同语义按照表 5-1 进行编码，一句话中若含有多个心理状态术语，分别计数。

让另一名不了解实验目的应用心理学专业的大学生根据编码表给定的操作定义和编码范例，对随机抽取 20% 的样本进行编码。两名评价者编码的一致性系数为 0.86 ~ 0.92，$p < 0.01$。对于有争议的类型，经讨论后统一意见，确定其归属。

表 5-1　看图叙述中心理状态术语的编码内容

类别	描述	例子
信念术语	谈及主人公信念、知识状态的词语如想①、知道、觉得、认为、相信等	“老爷爷以为鸭子死了。” “它心里想：要能飞就好了。” “觉得丑小鸭好可怜。”
愿望术语	谈及自己的需要、喜好等词语，如要、想要、想①、喜欢等	“它想要下河游泳。” “老奶奶要赶它走。”
情绪术语	谈及情绪的词语，如高兴、伤心、开心、难过、生气等	“它很难过。” “小鸭子生气了。”
其他认知术语	如想①、记得、忘记、解释等	“它忘了家在哪里了。” “它想妈妈了。”
未编码词语	在故事讲述中提到一些和故事内容无关的词语；还有一句话中连续重复的词语，只计算一次，如它很高兴、高兴	“我不记得了。” “我不知道了。” “想不起来了。”

注：①“想”一词多义，既可指向愿望，如“我想回家”；也可指向信念，如“它在想我要是能飞就好了”；也可表达对他人的思念，如“我想妈妈”，这种语义只计算在其他认知术语中。

（三）程序

本研究分两个时间点进行，实验都由发展心理学研究生和两位应用心理学本科生（事先已精心培训）在儿童熟悉的房间单独施测。每一个时间点上主试相同，每个被试分别接受两次一般语言能力、叙述话语能力和错误信念任务的测试，中间相隔 3 个月。每次测试持续 10 ~ 15 天，错误信念任务的两个信念问题顺序采用 ABBA 平衡。一半被试先进行语言能力测试，另一半先进行错误信念能力测试，最后进行叙述话语能力测试。测试前，研究者与被试聊天、玩耍 1 ～ 2 分钟，让被试尽量放松；测试完成后赠以贴花纸。整个研究实验流程见图 5-1：

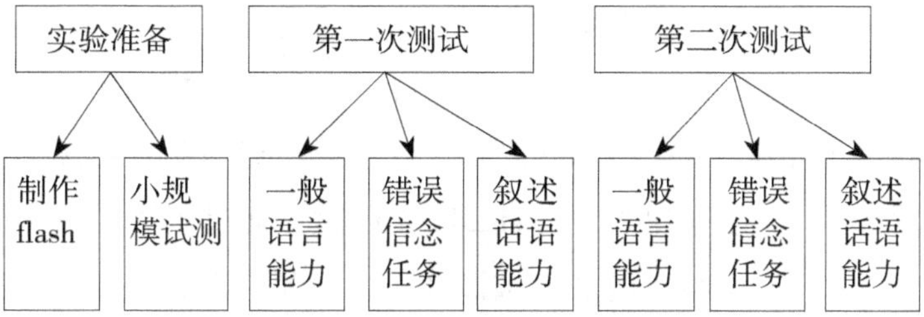

图 5-1　跟踪研究流程图

二、研究结果

（一）儿童两次错误信念任务成绩表现

表 5-2 是被试前后测中各变量的描述统计量。以测验时间为组内变量，以年龄（月）和一般语言能力为协变量，进行重复测量的方差分析，发现测验时间的主效应差异显著，$F(2, 96) = 11.97$，$p < 0.001$。进一步进行配对样本 t 检验发现，第一次错误信念任务成绩显著低于第二次错误信念任务成绩，$t(96) = -4.01$，$p < 0.001$。一般语言能力也随着时间的推移不断发展着，第二次成绩显著高于第一次成绩，$t(91) = 7.08$，$p < 0.001$。

表 5-2　前后测中各变量的描述统计量

	第一次		第二次	
	M（*SD*）	范围	*M*（*SD*）	范围
年龄（月）	54.03(9.10)	36 ～ 69	57.20(9.10)	39 ～ 72
一般语言能力	52.79(13.61)	19 ～ 93	60.09(10.75)	25 ～ 83
错误信念理解成绩	3.65(2.27)	0 ～ 6	4.24(2.01)	0 ～ 6

以测验时间为组内变量，以年龄（月）和一般语言能力为协变量，进行重复测量的方差分析，发现测验时间的主效应差异显著，$F(2, 96) = 11.97$，$p < 0.001$。进一步进行配对样本 t 检验发现，第一次错误信念任务成绩显著低于第二次错误信念任务成绩，$t(96) = -4.01$，$p < 0.001$。一般语言能力也随着时间的推移不断发展着，第二次成绩显著高于第一次成绩，$t(91) =$

7.08，$p < 0.001$。

在第一次测验中，共有 48.51%（34.65%）的被试通过了错误信念任务（得分超过总分三分之二的被试，即通过了错误信念任务，括号里为获得 6 分的百分率），其中，仅 11.76%（2.94%）的 3 岁被试通过了错误信念任务，4 岁被试升到 50.00%（26.47%），5 岁被试已达到 84.85%（75.76%）。在第二次测验中，共有 58.77%（41.24%）的被试通过了错误信念任务，其中，仅 22.58%（12.90%）的 3 岁被试通过了错误信念任务，4 岁被试升到 54.54%（30.30%），5 岁被试已达到 96.97%（78.79%）。

（二）叙述话语中心理状态术语的使用

表 5-3 是被试心理状态术语的描述性统计量。分别以认知术语总数、信念术语、情绪术语和愿望术语四个方面的测验一、测验二成绩为组内变量，以年龄（周岁）为组间变量，进行重复测量方差分析，研究结果显示：在认知术语总数上，测试时间主效应显著，$F(1, 70)=10.54$，$p < 0.01$；在信念术语的数量上，测试时间主效应边缘显著，$F(1, 70)=3.75$，$p=0.057$；在情绪术语的数量上，测试时间主效应不显著，但情绪术语与年龄之间的交互作用显著，$F(1, 70)=4.52$，$p < 0.05$。进一步简单效应分析发现，仅在 5 岁组，情绪术语第一、第二次测验差异显著（$p < 0.05$）；信念术语的主效应边缘显著，$F(1, 70)=3.82$，$p=0.055$。

表 5-3　叙述话语中心理状态术语使用的描述统计量（*M/SD*）

变量	3 岁		4 岁		5 岁		总分	
	第一次	第二次	第一次	第二次	第一次	第二次	第一次	第二次
认知术语总数	1.94(2.23)	2.42(2.02)	2.69(1.85)	3.11(2.41)	3.59(1.88)	4.19(1.88)	2.74(2.10)	3.27(2.36)
情绪术语	1.94(1.92)	1.92(1.50)	2.62(1.90)	2.46(1.65)	4.03(2.32)	6.07(3.21)	2.86(2.21)	3.56(2.94)
信念术语	0.25(0.57)	0.42(0.88)	0.86(1.16)	1.19(1.44)	1.38(1.13)	1.63(1.21)	0.83(1.08)	1.10(1.41)
愿望术语	1.44(1.66)	1.67(1.71)	1.59(2.67)	1.69(1.52)	2.03(1.45)	2.37(1.45)	1.69(1.48)	1.92(1.57)
要	0.91(1.12)	0.83(1.13)	0.62(.82)	0.46(0.81)	0.56(0.72)	0.48(0.80)	0.69(0.91)	0.58(0.98)

续表

变量	3 岁		4 岁		5 岁		总分	
	第一次	第二次	第一次	第二次	第一次	第二次	第一次	第二次
想	0.91(1.53)	1.33(1.68)	1.31(1.44)	1.73(1.40)	1.88(1.29)	2.19(1.52)	1.38(1.46)	1.77(1.56)
觉得	0.06(0.25)	0.13(0.34)	0.24(0.58)	0.54(0.79)	0.66(0.87)	0.81(1.18)	0.32(0.66)	0.51(0.97)
以为	0.00(0.00)	0.04(0.20)	0.17(0.47)	0.19(0.49)	0.16(0.34)	0.33(0.62)	0.11(0.34)	0.19(0.49)
知道	0.03(0.18)	0.00(0.00)	0.17(0.38)	0.15(0.37)	0.13(0.42)	0.15(0.37)	0.11(0.35)	0.10(0.35)
其他	0.09(0.30)	0.08(0.28)	0.17(0.60)	0.15(0.61)	0.19(0.54)	0.30(0.54)	0.15(0.49)	0.18(0.51)

在认知术语总数上，年龄的主效应差异显著，$F(2, 70)=4.68$，$p < 0.05$，进一步事后检验发现，仅在 3 岁组和 5 岁组之间差异显著（$p < 0.01$）；在信念术语上，年龄的主效应差异显著，$F(2, 70)=7.80$，$p < 0.01$，进一步事后检验发现，仅在 3 岁组与 4 岁组和 5 岁组之间差异显著（$p < 0.05$ 和 $p < 0.01$）；在情绪术语上，年龄的主效应差异显著，$F(2, 70)=26.61$，$p < 0.001$，进一步事后检验发现，仅在 5 岁组与 3 岁组和 4 岁组之间差异显著（$p < 0.001$ 和 $p < 0.001$）；在愿望术语上，年龄的主效应差异不显著。

信念术语和愿望术语在认知术语总数所在的比例也随着年龄增长而发展变化着。信念术语随着年龄的增加占认知术语总数的比例越来越大（见图 5-2）。

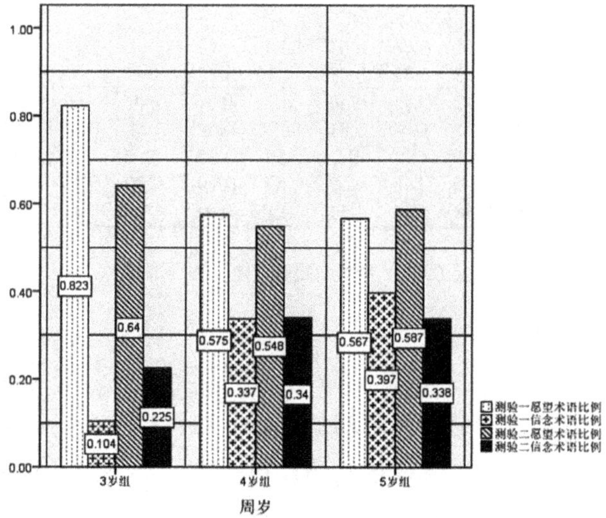

图 5-2 信念术语所占比例图

在信念术语使用的种类中，主要有“要”“想”“觉得”“以为”“知道”等，其中“想”和“要”在第一次、第二次测验中分别占认知术语总数中77.08%、75.29%。随着年龄的发展，不同认知术语在认知术语总数上所占比例发展变化着。在第二次测验中，“要”在认知术语总数中所占的比例由第一次测验的30.15%下降到18.87%；“想”所占比例由原来的46.93%上升为56.42%；“觉得”的比例由原来的11.52%上升到14.48%；“以为”的比例由4.44%变化为5.93%；而“知道”和“其他术语”所占比例变化不大。

（三）叙述话语中心理状态术语的使用与错误信念理解之间的关系

Person相关分析发现，被试在心理状态术语使用上除了愿望术语前后不相关外，在其他方面的使用具有一致性（如表5-4所示）。为了得到一个更有效的分析，下面以年龄（月）、一般语言能力为协变量，从同一个测量时间点和跟踪信息两方面进行相关分析。

表5-4　叙述话语中心理状态术语使用与错误信念理解的相关分析

		测验一							测验二				
		1	2	3	4	5	6	7	8	9	10	11	12
测验一	1. 年龄	—											
	2. 一般语言能力	0.69***	—										
	3. 情绪术语	0.39***	0.26*	—									
	4. 信念术语	0.48***	0.39***	0.49***	—								
	5. 愿望术语	0.21*	0.15	0.29**	0.16	—							
	6. 认知术语总数	0.39***	0.30**	0.46***	0.63***	0.84***	—						
	7. 错误信念理解	0.69***	0.63***	0.42***	0.53***	0.12	0.37***	—					
测验二	8. 情绪术语	0.56***	0.42***	0.41***	0.44***	0.15	0.36**	0.49***	—				
	9. 信念术语	0.38**	0.38**	0.40**	0.81***	0.24*	0.62***	0.41***	0.41***	—			
	10. 愿望术语	0.21	0.17	0.35**	0.24*	0.57***	0.55***	0.10	0.29**	0.20	—		
	11. 认知术语总	0.35**	0.33**	0.48***	0.63***	0.57***	0.79***	0.30**	0.45***	0.73***	0.78	—	
	12. 错误信念理解	0.62***	0.58***	0.45***	0.51***	0.17	0.35**	0.75***	0.43***	0.33**	0.10	0.27**	—

注：* $p < 0.05$，** $p < 0.01$，*** $p < 0.001$，以下同。

1. 同一时间点的横向相关分析

表5-5显示了控制一般语言能力和年龄之后，心理状态术语的使用在同一时间点上与错误信念理解之间的关系。在测验一中，心理状态术语的使用除了愿望术语之外，其他均与错误信念理解存在显著相关。而在测验二中，心理状态术语的使用与错误信念理解并不存在显著相关。

表 5–5 同一时间点的横向相关分析及偏相关分析

变量	测验一		测验二	
	r	p^{ra}	r	p^{rb}
情绪术语	0.42***	0.24*	0.43***	0.04
信念术语	0.53***	0.28*	0.33**	0.02
愿望术语	0.12	0.02	0.10	–0.14
认知术语总数	0.37***	0.13	0.27**	–0.08

注：[a] 指控制了第一次年龄和第一次一般语言能力后的偏相关；

[b] 指控制了第二次年龄和第二次一般语言能力后的偏相关。

2. 不同时间点的纵向相关分析

研究结果显示，在没有控制语言和一般语言能力之后，第一次心理状态术语的使用与后期的错误信念理解存在显著相关，但控制了一般语言能力和年龄后，除了情绪术语、信念术语与后期错误信念理解有关，其他因素均不相关（见表 5–6）。同样，控制了一般语言能力和年龄后，在第一次错误信念任务表现与后期的心理状态术语的使用没有稳定的关系。

表 5–6 不同时间点上的变量间的相关分析及偏相关分析

变量	MT1–ToM2		ToM1– MT2	
	r	p^{ra}	r	p^{rb}
情绪术语	0.45***	0.27*	0.49***	0.13
信念术语	0.51***	0.28*	0.41***	0.18
愿望术语	0.17	0.01	0.10	0.09
认知术语总数	0.40***	0.18	0.30**	0.05

注：MT1–ToM2 指第一次心理状态术语使用与第二次错误信念理解的相关；

ToM1– MT2 指第一次错误信念理解与第二次心理状态术语使用的相关；

[a] 指控制了第一次年龄和第一次一般语言能力后的偏相关；

[b] 指控制了第二次年龄和第一次一般语言能力后的偏相关。

三、分析与讨论

从横向和纵向分析来看，错误信念理解与叙述话语中心理状态术语使用在 3—5 岁阶段有了很大的发展，特别是在 4 岁末错误信念理解与认知术语的使用都发生了较大的变化，这表明 4—5 岁是错误信念理解与叙述话语能力发展的关键期。错误信念理解与心理状态术语在发展的过程中表现出了一定程度的相关。

（一）儿童错误信念理解和一般语言能力的发展

研究结果表明，不管是从横向研究看，还是从纵向研究看，随着年龄的发展，3—5 岁时儿童错误信念理解和一般语言能力都快速发展。在横向比较中发现，第一次测验中，不同年龄阶段儿童语言成绩存在显著差异；三个月后，三个年龄组的语言成绩稳步提高，5 岁儿童的语言能力仍然显著高于 3、4 岁儿童，4 岁儿童又显著高于 3 岁儿童。在纵向比较中发现，三组儿童的一般语言能力均显著提高。在 MSCA-CR 一般语言能力测试中也发现，在词汇知识和反义类推项目上，儿童在第二次测试中对如“诚实”“缩小”等抽象名词理解能力明显增强，也能产生一些如“光滑”“清淡”这样的抽象词语。在复述短句和复述故事的项目上，语言表达的连贯性明显增强，正确率也显著提高。

错误信念理解能力作为儿童认知发展的重要方面，在学前期也得到了快速发展。分析不同年龄阶段的儿童两次测试的错误信念成绩发现，三组儿童的错误信念理解能力在这一时期都得到了快速发展，且高年龄阶段儿童的任务表现始终优于低年龄阶段的儿童，这也说明了年龄是错误信念理解的重要预测源。以往国外许多研究者普遍将 4 岁视为儿童对错误信念理解的年龄分界线（Baron-Cohen、Leslie、Frith，1985；Milligan、Astington、Dack，2007；Pemer、Kekam、Wimmer，1987；Wellman、Cross、Watson，2001）。本研究发现，到了 5 岁末，96.97% 的儿童能完全理解错误信念任务，50.00% 的 4 岁儿童能完全理解错误信念任务，只有小部分的 3 岁儿童能够完全理解错误信念任务。这与以往一些国内研究结论一致（邓赐平、桑标、缪小春，2002；金宇等，2004；徐芬、王卫星、高山，2003；王益文、张文新，2002）。不过，我国儿童何时能获得错误信念，这个问题一直没有明确答案。一些研究者也指出 6 岁儿童才能较好地理解错误信念（张婷、李红、曾维希，2009；张婷等，2006）。最近一项对汉语儿童错误信念理解研究的元分析指出，汉语儿童要比欧美国家儿童晚两年左右发展错误信念理解能力（Liu et al.，2008）。这可能是由于采用的错误信念任务类型及任务数量或材料不同所致。

研究结果也指出错误信念理解能力和一般语言能力存在显著关系：第一次测验中两者的相关系数是0.63；第二次两者的相关系数是0.58。这与以往国内外大批量的研究结论相一致。

（二）儿童叙述话语中心理状态术语的使用

本研究发现，3—5岁儿童在看图叙述中的心理状态术语使用上，使用较多的愿望术语和情绪术语，信念术语使用相对较少。这是由于在看图叙述中，主人公的情绪状态可以通过面部表情这种外在线索引起儿童更多的关注，因此可引发更多的情绪术语。而以往的大量研究也表明儿童在理解信念状态之前先理解明显的愿望和知觉状态（Gopnik、Slaughter、Meltzoff，1994；Tardif、Wellman，2000；Wellman，1993，2002）。因此，他们认为愿望状态要显著早于那种内隐的信念状态（Bartsch、Wellman，1995；Brown、Dunn，2011），从而导致愿望术语较多，信念术语却较少。

不管在横向分析还是纵向分析上，除了愿望术语使用没有差异外（三个年龄组都表现出较多的愿望术语），信念术语和情绪术语均表现出显著的年龄差异，尤其以4—5岁时发展得较快。信念术语和愿望术语在认知术语总数所占的比例也随着年龄增长而发展变化着，信念术语随着年龄的增长占认知术语总数的比例越来越大。这也从一定程度上说明儿童心理状态术语的习得特征，即具有从指向愿望到指向信念的发展模式。

不过，在认知术语的种类中，词汇种类使用较少，主要有“要”“想”“觉得”“以为”“知道”等，其中“想”和“要”在第一次、第二次测验中分别占认知术语总数中77.08%、75.29%，“想”所占比例也越来越大，由第一次测验中的46.93%上升到56.42%。Tardif和Wellman（2000）指出汉语区别于英语的一大特征是，用作编码心理状态的词是一词多义的。儿童在“想”的用法上也体现出“一词多义”现象，主要表现出愿望倾向的语义，类似于“想要”一词。“以为”“知道”一词使用比例很低。在故事讲述过程中，儿童经常会说“我不知道了”这类语句。不过，为了尽量不造成研究变量的混淆，我们在编码中排除了这类交流语，仅仅考虑看图叙述中的心理状态术语使用，从而使这类词大大减少。

（三）儿童错误信念理解与叙述话语中心理状态术语使用的关系

许多研究已证明心理状态术语在儿童错误信念理解上扮演着重要的角色（Astington、Peskin，2004；Bartsch、Wellman，1995；Bretherton、Beeghly，1982；Jenkins、Astington，1996；Meins et al.，2002；Ruffman、Slade、Crowe，2002）。本研究中，在控制了一般语言能力和年龄之后，在第一次测验中，心理状态术语的使用除了愿望术语之外，其他仍然与错误信念理解存在显著相关。这种相关回应了以往在叙述话语或游戏情境中的研究结果（Brown et al.，1996；Brown、Dunn，1991；Dunn，1996；Symons et al.，2005）。但在第二次测验中，心理状态术语的使用与错误信念理解并不显著相关。这种研究结果可能由于第二次测量中，大部分被试已通过了错误信念任务导致的，尤其96.97%的5岁儿童在错误信念任务成绩上获得较高分。可能这种错误信念任务测试上的“天花板效应”影响了第二次测验中心理状态术语使用与错误信念任务表现之间的相关。

在纵向分析中也发现，控制了一般语言能力和年龄之后，除了情绪术语、认知术语与后期错误信念理解有关，其他因素均不相关；第一次错误信念任务表现却与后期的心理状态术语的应用没有稳定的关系。这种解释与Astington和Jenkins（1999）的研究结果一致，孩子的语言能力预测了7个月后的错误信念理解能力的发展，但是反过来并不成立。也就是说，在看图叙述中，更多关注主人公内部状态的儿童在后期中更容易通过错误信念理解任务。那些较多使用心理状态术语的孩子可能标示了他们反映心理状态的能力，也反映了他们的内部语言，这种语言的表征机能又促进了与社会理解有关的发展变化（Chandler、Carpendale，2003；Nelson et al.，2003），从而促使他们在错误信念任务上的成功。而且人们有关想法或信念的认知内部状态，若不通过外显语言，是很难从外界接触或学习的。因此，那些自发地谈论这种言语的儿童更容易理解错误信念任务也是在情理之中的。当然，也不可排除还有可能是儿童的心理状态语言和错误信念理解在早期阶段就开始几乎同时地平缓发展（Chandler、Carpendale，2003），即它们只是发展性的平行关系，而不是因果关系。

目前研究显示，在看图叙述故事时，儿童的心理状态术语与错误信念理解能力密切相关。以后的研究设计可采用微观发生法研究儿童在多种任务情境下心理状态术语的使用情况，并通过不同发展水平的心理理论任务评估儿童的心理状态理解能力，从而更有效地获得心理状态术语与心理理论发展之间的动态关系。另外，鉴于本研究主要研究心理状态术语与错误信念理解的关系，并没有对叙述话语的其他指标（如句法的复杂度）进行分析。以后可进一步对看图叙述话语的数据信息采用更多指标的联合分析方法，得到一个更全面有效的结论。

四、研究结论

1. 不管是从横向研究看，还是从纵向研究看，随着年龄的发展，3—5岁儿童错误信念理解和一般语言能力均快速发展。

2. 在看图叙述中心理状态术语使用上，3—5岁儿童使用较多的愿望术语和情绪术语，信念术语使用相对较少。在认知术语的种类中，词汇使用较少，主要有“要”“想”“觉得”“以为”“知道”等，其中“想”和“要”所占比例最大。

3. 儿童心理状态术语具有从指向愿望到指向信念的发展模式的习得特征。

4. 控制了一般语言能力和年龄之后，第一次测验中的情绪术语、信念术语使用与第一次、第二次错误信念理解成绩均存在显著相关；而在第二次测验中的错误信念理解成绩与第一次、第二次心理状态术语使用之间均不存在显著相关。

第二节 心理状态术语的输出与基于信念－情绪理解的跟踪研究

由于前期研究中，第二次测验中并没有发现心理状态术语使用与错误信念理解之间并不存在显著相关，这可能是由于在第二次测验中，儿童在错误信念任务上的成绩已达到天花板效应所造成的。因此，需要用更高一级的心理理论任务来探测错误信念理解能力与心理状态术语使用的关系。其中，基于信念－情绪理解任务是在测量错误信念任务理解的基础上发展起来的更高级的心理理论能力。基于信念的情绪理解要求被试根据当事人的信念，也就是对客观情境的主观看法或认知评价，而不是外在的客观情境本身，或是非当事人对客观情境的认知对当事人的情绪做出判断（刘国雄、方富熹，2007）。大多数研究发现，儿童对基于信念的情绪理解显著落后于他们对于错误信念的理解，存在明显的"滞后效应"（刘国雄、方富熹，2007；de Rosnay et al.，2004；Ruffman、Keenan，1996）。4 岁是基于信念的情绪理解能力发展的关键期（陈璟、李红，2008）。Harris 等人（1989）发现儿童 4 岁时开始理解错误信念，到 6 岁才能够理解基于信念的情绪。但也有学者持有另外的观点，他们认为儿童具备理解错误信念能力的同时，也具备了基于信念的情绪理解能力（Wellman、Bartsch，1988；Wellman、Banerjee，1991）。本研究通过 9 个月的跟踪研究，在三个时间点上分别测量儿童的一般语言能力、基于信念－情绪理解能力以及叙述话语能力（只在两个时间点上测定）。研究目的有两个：第一，考察 3—5 岁儿童基于信念－情绪理解能力的发展特点；第二，进一步考察 3—5 岁儿童看图叙述中心理状态术语的使用情况与基于信念－情绪理解能力的关系。

一、研究方法

（一）被试

第一、二次测验被试信息如第一节的研究。随机选取常州某幼儿园 6 个班级中 101 名 3—5 岁儿童，其中男童 57 人，女童 44 人。根据老师报告和儿童资料，所有被试均说普通话，没有任何心理和行为问题或语言障碍。首次测试时，被试年龄为 36 个月到 69 个，*M*=54.03，*SD*=9.10。第 2 次测验（三个月后）时，由于生病或转学等原因，缺失 3 个被试，被试数为 98 名，年龄为 39 个月到 72 个月，*M*=57.20，*SD*=9.10。第 3 次测验（再四个月后）时，除了转学或生病请假、不愿意合作的儿童，最终参加第 3 次错误信念任务的被试数为 72 人，年龄为 43 个月到 76 个月，*M*=61.78，*SD*=9.63。

（二）实验任务

1. 一般语言能力

选用华东师范大学修订的麦卡锡幼儿智能量表（中国修订版）的语言分量表（MSCA-CR）（陈国鹏、李丹，1994）测查儿童的一般语言能力。该量表包括图画记忆、词语知识、词语记忆、词语流畅性、反义类推 5 部分，总分 96 分。该分量表的稳定性系数为 0.85，分半相关系数为 0.95，说明该分量表具有较高的重测信度和内部一致性。该分量表还有较高的准则关联效度，与韦克斯勒学前儿童智力量表的语言智商分量表的相关为 0.64。本研究使用正确回答的原始分数进行统计分析。

2. 基于信念 – 情绪任务

采用 Pons、Harris 和 De Rosnay（2003）的经典研究范式。包括两个基于信念 – 情绪任务：一个是虚构的简单故事片段，另一个是儿童熟知的童话故事片段。

（1）信念 – 情绪任务 1

以 flash 方式呈现故事情节（第二次、第三次采用故事框架相同，故事人物及情节不同）：美羊羊有一个漂亮的玻璃球，她将玻璃球放在抽屉里后就出去玩了。懒羊羊偷偷拿了玻璃球来玩，结果把玻璃球摔成了碎片，懒羊羊把碎片放回了抽屉。现在美羊羊回来玩玻璃球了。主试提问：

“美羊羊原来放在抽屉里的是什么？玻璃球还是碎片？”（记忆检测问题）

“抽屉里现在是什么？玻璃球还是碎片？”（事实检测问题）

“当美羊羊回家站在抽屉前时，她觉得抽屉里是什么？玻璃球还是碎片？”（错误信念理解问题）

“当美羊羊回家站在抽屉前时，她高兴吗？”（基于信念的情绪理解问题）

“为什么？”（情绪归因问题）

错误信念理解问题和基于信念的情绪理解问题均为 0/1 记分，总分为 0 ～ 2 分。

（2）基于信念 – 情绪任务 2

以讲述故事书方式呈现《小红帽》故事情节（第二次采用《白雪公主》故事中皇后变成老太婆来到小矮人门前的情节，第三次采用《三打白骨精》故事中的白骨精装扮成送水的小姑娘来到唐僧面前的情节）：当小红帽来到外婆门前敲门时，问被试以下问题：

“现在屋里是谁？”（事实检测问题）

“当小红帽来敲门时，她觉得里面是谁？”（错误信念理解问题）

“当敲门时，她害怕吗？”（基于信念的情绪理解问题）

“为什么？”（情绪归因问题）

错误信念理解问题和基于信念的情绪理解问题均为 0/1 记分，总分为 0 ～ 2 分。

（三）程序

前两次测验同第一节研究，基于情绪 – 信念任务最后呈现给被试，这项任务的测验时间约 3 ～ 4 天。在第三次测验时，每个被试仅接受一般语言能力和基于信念 – 情绪任务的测试。一半被试先接受一般语言能力测验，另一半被试先接受基于信念 – 情绪任务的测验，测验持续时间 6 ～ 8 天。施测后赠以贴花纸。

（四）编码

在基于信念 – 情绪理解任务中对情绪归因编码参照 Harris 等（1989）、We llman 和 Banerjee（1991）、De Rosnay 等（2004）、杨小冬和方格（2005）

以及刘国雄和方富熹（2007）的编码系统，结合本研究目标和被试回答进行归纳总结制定的。然后对各年龄组的所有被试反应，由两个评分者分别进行编码，编码一致性为93.73%。

情绪归因共分成四类：

第一类：愿望状态。被试解释中提到主人公的需求、爱好等。例如：她喜欢玩；皇后想杀掉她。

第二类：信念状态。被试能正确提到主人公的信念状态。例如：狼假装是她的奶奶，她不知道；她还没有进去，她认为是外婆；她不知道她是皇后变的。

第三类：情境定向。被试只提到当前情境。例如：因为她是买苹果的；小红帽还在外面。

第四类：无关理由或不知道。被试回答与当前故事完全无关，或回答不知道、不做反应。例如白雪公主有刀；白雪公主是女童等。

二、研究结果

（一）儿童基于信念－情绪任务的发展变化

1. 儿童基于信念－情绪任务通过率的发展变化

我们在计算幼儿理解情绪的通过率时，综合了被试的情绪判断及其信念判断，并结合情绪判断的归因解释，同时回答正确作为理解情绪的标准。正确的归因解释涉及主人公当时的信念或知识状态或当时主人公的情境。例如：“小红帽不知道大灰狼在里面”“小红帽以为里面是外婆”“小红帽还没有进去”。不正确的解释指并没有站在主人公角度进行解释或一些无关回答，如“狼在里面”“她是女孩子”等。

从表5-7可以看出，3—5岁被试在同一个时间点上对基于错误信念的情绪理解表现出显著的年龄发展趋势[$\chi^2(2)_{第一次}=17.05, p<0.01$; $\chi^2(2)_{第二次}=25.98, p<0.001$; $\chi^2(2)_{第三次}=15.83, p<0.001$]。进一步分析发现，在三次测验中，4岁组和5岁组被试之间差异均不显著；3岁组与4岁组、5岁组被试之间差异均显著（$p<0.05$，$p<0.001$）；在第三次测验中，3

岁组和 4 岁组被试在临界水平显著（p=0.063）。

在跟踪研究中，儿童对情绪理解也表现出随着时间不断发展的趋势。$F(2, 144)=22.77$，$p < 0.001$。

表 5–7　不同年龄的被试在三次测验上基于信念 – 情绪任务得分率（%）

		第一次			第二次			第三次		
		0	1	2	0	1	2	0	1	2
错误信念	3 岁组	75.76	12.12	12.12	43.75	15.63	40.63	46.15	34.62	19.23
	4 岁组	43.75	3.13	53.13	6.06	21.21	72.73	9.52	23.81	66.67
	5 岁组	3.03	9.09	87.88	0	0	100.00	0	3.45	96.55
	总	40.82	8.16	51.02	16.33	12.24	71.43	18.42	19.74	61.84
情绪理解	3 岁组	81.82	12.12	6.06	78.13	15.63	6.25	53.85	26.92	19.23
	4 岁组	46.88	37.50	15.63	33.33	42.42	24.24	23.81	28.57	47.62
	5 岁组	39.39	27.27	33.33	21.21	36.36	42.42	10.00	26.67	63.33
	总	56.12	25.51	18.37	43.88	31.63	24.49	28.57	27.27	44.16

注：2 表示两项任务都通过，1 表示只有一项任务没有通过，0 表示一项都没有通过。

进一步分析发现，三个时间点的测验成绩均显著（$p_{1\text{-}2} < 0.05$，$p_{1\text{-}3} < 0.001$，$p_{2\text{-}3} < 0.001$）。与错误信念理解相比，儿童对基于信念 – 情绪理解较迟发展，如图 5–3 所示。

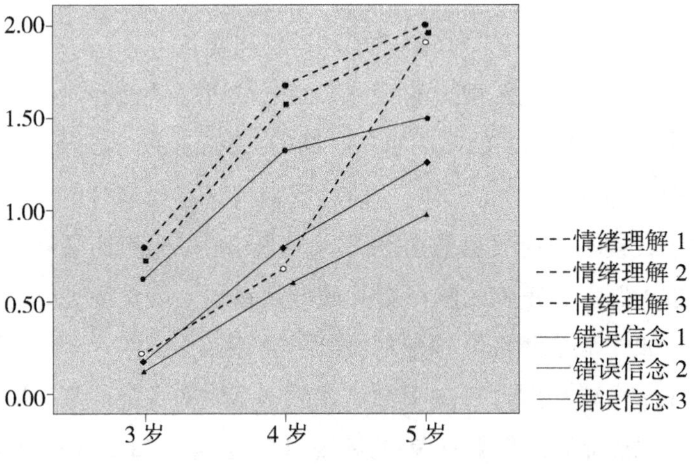

图 5–3　不同年龄被试三次测验成绩

2. 儿童基于信念 – 情绪归因发展变化

不同年龄被试在三次测量上基于信念 – 情绪归因类型所占百分比如表 5–8

所示。卡方检验表明，3—5 岁被试在情绪归因上在同一个时间点上表现出显著的年龄发展趋势［$\chi^2(2)_{第一次}=19.62$，$p<0.01$；$\chi^2(2)_{第二次}=14.01$，$p<0.05$；$\chi^2(2)_{第三次}=32.19$，$p<0.001$］。不同时间点进行 Friedman 检验发现，$\chi^2(2)_{第二次}=74.31$，$p<0.001$。

表 5-8　不同年龄被试在三次测验上基于信念 - 情绪归因类型（%）

	第一次			第二次			第三次		
	3 岁	4 岁	5 岁	3 岁	4 岁	5 岁	3 岁	4 岁	5 岁
愿望归因	15.15	12.50	12.12	4.69	7.58	10.61	1.92	11.90	4.55
信念归因	3.03	18.75	27.27	12.50	24.24	33.33	15.38	42.86	45.45
情境归因	54.54	43.75	51.52	62.50	46.97	48.48	63.46	42.86	50.00
无关理由	27.27	25.00	9.09	20.31	21.21	7.58	19.24	2.38	.00

这说明被试对情绪归因无论在横向或纵向上比较都显示出显著的年龄发展趋势。总体上来说，3—5 岁儿童的情绪归因主要以情境归因为主，3 岁和 4 岁儿童在情绪归因中也给出较多的无关理由，而随着时间增长，5 岁儿童表现出较多的信念归因。

（二）儿童基于信念 - 情绪理解与心理状态术语使用的关系

1. 儿童基于错误信念情绪任务通过率与心理状态术语使用的关系

（1）同一时间点的横向相关分析

Person 相关分析发现，儿童的年龄（月）与基于信念 - 情绪理解密切相关（第一次：$r=0.41$，$p<0.001$；第二次：$r=0.51$，$p<0.001$；第三次：$r=0.45$，$p<0.001$），儿童的一般语言能力与基于信念 - 情绪理解显著相关（第一次：$r=0.48$，$p<0.001$；第二次：$r=0.48$，$p<0.001$；第三次：$r=0.54$，$p<0.001$）。

表 5-9 显示了控制一般语言能力和年龄之后，叙述话语中心理状态术语的使用在同一时间点上与基于信念 - 情绪理解之间的关系。在测验一中，心理状态术语的使用中信念术语、认知术语总数与基于信念 - 情绪理解存

在显著相关，愿望术语与基于信念－情绪理解存在边缘相关（p=0.059）。而在测验二中，心理状态术语的使用除了信念术语与基于信念－情绪理解显著相关外，与其他因素均相关不显著。

表 5-9　同一时间点的横向相关分析及偏相关分析

变量	测验一		测验二	
	r	p^{ra}	r	p^{rb}
情绪术语	0.21*	0.09	0.29**	0.18
信念术语	0.38***	0.23*	0.46***	0.25*
愿望术语	0.26*	0.21	0.13	0.07
认知术语总数	0.40***	0.30**	0.36**	0.17

[a] 指控制了第一次年龄和第一次一般语言能力后的偏相关；

[b] 指控制了第二次年龄和第二次一般语言能力后的偏相关。

（2）不同时间点的纵向相关分析

表 5-10 的结果显示，在没有控制语言和一般语言能力之后，第一次心理状态术语的使用与后期的基于信念－情绪理解存在显著相关，但控制了一般语言能力和年龄后，除了信念术语与后期基于信念－情绪理解有关，与其他因素均相关不显著。同样，控制了一般语言能力和年龄后，在第一次基于信念－情绪理解表现却与后期的心理状态术语的使用没有稳定的关系。

表 5-10　不同时间点的相关分析及偏相关分析

变量	MT1–EBU2		EBU1– MT2	
	r	p^{ra}	r	p^{rb}
情绪术语	0.29**	0.11	0.32**	0.11
信念术语	0.46***	0.27*	0.33**	0.17
愿望术语	0.13	0.02	0.09	0.01
认知术语总数	0.36**	0.18	0.28*	0.13

注：MT1–EBU2 指第一次心理状态术语使用与第二次基于信念－情绪理解的相关；

EBU1– MT2 指第一次基于错误－情绪理解与第二次心理状态术语使用的相关；

[a] 指控制了第一次年龄和第一次一般语言能力后的偏相关；

[b] 指控制了第二次年龄和第二次一般语言能力后的偏相关。

第三次基于信念－情绪理解除了与第一次、第二次心理状态术语使用中愿望术语不相关外，与其他术语均显著相关，其中与认知术语的相关系数最高（$r_{第一次}$=0.41，$p < 0.001$；$r_{第二次}$=0.37，$p < 0.001$）。控制一般语言能力和年龄之后，在测验三中，基于信念－情绪理解与第一次、第二次心理状态术语使用各个指标均不显著。

2. 不同分组在基于信念－情绪理解通过率上的差异分析

由于信念术语与基于信念－情绪理解显著相关，进一步探讨基于信念－情绪理解通过率在信念术语前后测增益值的不同分组上是否存在差异。将信念术语前后测增益值分为两组，一组是前后信念术语的产生数量没有变化的未增组，一组为前后信念术语的产生数量增加的提高组，排除 10 名后测中认知术语数量低于前测认知术语数量的被试，最后被试数有 62 名，未增组 41 名，提高组 21 名，结果如图 5-4 所示。

经过独立样本 t 检验发现，这两个组别（未增组－提高组）在年龄（月）、一般语言能力、第一次基于信念－情绪理解和第三次基于信念－情绪理解上均不存在显著差异；但在第二次基于信念－情绪理解上存在显著差异，$t(60)=2.65$，$p < 0.05$。在控制了年龄和一般语言能力后，差异仍然显著，$F(3, 58)=5.38$，$p < 0.05$。

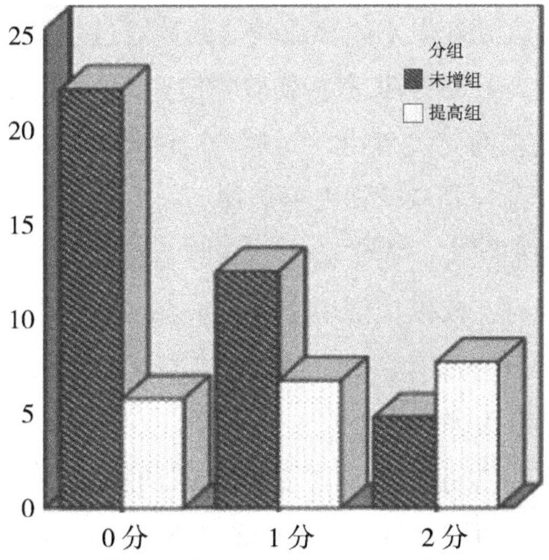

图 5-4　不同组别在基于信念－情绪理解通过率的差异

3. 儿童基于信念情绪归因与心理状态术语使用的关系

按中位数把心理状态术语使用中各项变量的记录次数分为高频次组和

低频次组。在第一次测验中，仅有信念术语、认知术语总数的高频次组和低频次组在基于信念－情绪归因上差异显著［$\chi^2(3)_{第一次信念术语}=18.76$，$p<0.01$；$\chi^2(3)_{第一次}=9.62$，$p<0.05$］。

在第二次测验中，仅有信念术语的高频次组和低频次组在基于信念－情绪归因上差异临界显著，$\chi^2(3)_{第二次}=7.32$，$p=0.062$；进一步分析发现，信念术语的高频次组和低频次组仅在信念归因和情境归因上差异显著（$p<0.01$ 和 $p<0.05$）。

在第三次测验中，各个变量的高频组和低频组间差异均不显著。

三、分析与讨论

研究表明，与错误信念理解相比，儿童对基于信念－情绪理解较迟发展，并表现出显著的年龄发展趋势。3 岁儿童跟踪 8 个月后，通过率由原先的 6.06% 上升到 19.23%；到 4 岁末 5 岁初，增加到 47.62%；到了 5 岁末 6 岁初时，已达到 63.33%，这与以往研究结果相一致（Baron-Cohen，1998；Harris et al.，1989；Vinden，1999），即儿童在 4 岁时开始出现与理解和信念有关的情绪；直到 6 岁才能够比较普遍地通过基于信念－情绪理解任务。在情绪归因上，3—5 岁儿童主要以情境归因为主，3 岁和 4 岁儿童在情绪归因中给出较多的无关理由，而随着时间增长，5 岁儿童表现出较多的信念归因。这也符合儿童认知发展规律，由先关注外部情境逐渐发展到更多地关注内部心理状态。在实验中，有些儿童已经理解了错误信念情绪任务，当解释原因时，仅仅从情境上进行解释，如"小红帽在门外""变成小姑娘了"等，但这并不意味着他们没有认识到主人公的信念状态或认知评价，可能与其言语表达能力有关。

实际上，3 岁左右的儿童只能根据他人的愿望是否满足来判断他人所产生的不同情绪。但他们还不能理解愿望具有主观性，不能对行为结果和个人愿望进行整合；随着年龄的增长，儿童逐渐根据结果是否符合内在的主观愿望来判断行为者的情绪（刘国雄、方富熹，2003）。到了 4、5 岁，儿童开始理解信念对个体行为和情绪的影响。这个年龄的儿童知道他人感到高兴或难过可能依赖于个体对能否获得某物或实现某事的想法，不管这种想法与现实的情境是否相一致。例如这个年龄的儿童已知道，对于那些看到的实际上是空糖盒的他人来说，只要这个个体认为里面装有糖，当他看到糖盒时，也会感到很高兴。因此，3—5 岁儿童对基于信念 – 情绪任务的认知困难并不是对情绪本身的认知困难，而是在于对主人公是否持有某种错误信念的认知正确与否（李佳、苏彦捷，2004）。

研究结果也表明，在前两次测验中，被试信念术语的使用均和基于信念 – 情绪任务成绩表现显著相关。而且测验二与测验一相比，叙述话语中心理状态术语增加的被试更容易通过基于信念 – 情绪任务。测验一中的心理状态术语使用可预测后期的基于信念 – 情绪理解能力，但前期的基于信念 – 情绪理解能力在控制了一般语言能力和年龄后，与后期的心理状态术语的使用之间并不存在显著相关。这一点在情绪归因解释中也有所体现，在故事叙述中运用较多信念术语的被试更多地表现出信念归因方式，而通过基于信念 – 情绪理解任务的被试在解释中并不一定都属于信念归因。本研究结果回应了本章第一节研究中的部分研究结果，只是基于信念 – 情绪理解能力是在错误信念理解基础上发展出的水平更高的心理理论能力。这弥补了本章第一节研究在第二次测验中达到天花板效应从而无法进一步分析与叙述话语中心理状态术语之间的关系的缺陷。

以往大量研究表明，在不同的情境下，儿童自发产生有关想法或信念的语言与错误信念理解密切相关（Bartsch、Wellman，1995；Nelson et al.，2003）。当然，在不同语境下，儿童表现出的心理状态术语也不一样。Brown、Donelan-McCall 和 Dunn（1996）发现儿童在与兄弟姐妹或朋友交谈时，与同父母亲交谈相比用了更多的心理状态术语。Dunn（2000）也进一步指出，不同的人际关系，不一样的交流背景造成了儿童在话语中指向内部心理状态上的差异，这也可以部分解释国内学者们研究结果存在差异的原因。陆慧菁和苏彦捷（2007，2008）在对儿童自传体记忆研究中，发现儿童很少提到心理状态术语，且与错误信念理解无关。而在桑标、马丽雳和邓赐平（2004）研究中显示，儿童在假装游戏中心理状态术语的使用与错误信念密切显著相关，这样不一致的结论可能是由于情境的不一致造成的。而在本研究中，看图叙述话语中心理状态术语的使用，尤其是信念术语的使用和错误信念理解成绩及基于信念－情绪理解成绩密切相关。这可能由于那些较多使用心理状态术语的儿童可能促进和标示了他们反映心理状态的能力，也反映了他们的内部语言，这种语言的表征机能又促进了其与社会理解有关的能力发展变化（Chandler、Carpendale，2003；Nelson et al.，2003），从而促使他们在错误信念任务上的成功。我们的研究结果证明了这一点，但必须指出，两者的关系可能是从社会环境中内化的心理状态语言很快地展现在错误信念理解任务上，然后反映在自己的言语活动上。当描述外部世界时，开始使用心理状态术语。当然，也不可排除还有可能是儿童的心理状态术语和错误信念理解在早期阶段就开始几乎同时地平缓发展（Chandler、Carpendale，2003），即它们只是发展性的平行关系，而不是因果关系。

不管怎样，这些研究都显示在看图叙述故事时，儿童的心理状态术语是错误信念理解的一个有效指标。以后的研究设计可跟踪研究儿童在多种任务情境下心理状态术语的使用情况，并采用不同水平的心理理论任务评估儿童的心理状态理解能力，从而可以更有效地获得心理状态术语与错误信念理解之间的动态关系。当然，鉴于主要研究心理状态术语与错误信念理解的关系，本研究并没有对叙述话语的其他指标进行分析，如句法的复杂度等。以后进一步对看图叙述话语的数据信息采用更多指标的联合分析方法，从而将得到一个更全面有效的结论。

四、研究结论

1.3—5 岁儿童对基于信念－情绪理解表现出显著的年龄发展趋势。与错误信念理解相比，儿童的基于信念－情绪理解发展较迟。

2. 总体上来说，3—5 岁儿童的基于信念－情绪归因主要以情境归因为主。随着时间增长，5 岁儿童表现出较多的信念归因。

3. 信念术语与基于信念－情绪理解关系密切。控制一般语言能力和年龄之后，被试的前两个时间点上信念术语均与基于信念－情绪理解通过率显著相关；信念术语增长快的被试更容易通过后期的基于信念－情绪任务。

第六章　心理状态术语理解与儿童心理理论发展的实证研究

Astington 和 Baird（2005）指出，有三种原因造成语言在错误信念理解上的重要作用：第一，在语言中交流语用可能是最基本的原因（Dunn et al.，1991；Harris，1999，2003）。因为谈话是与别人分享情感与想法的最直接途径，语言的这种谈话交流功能可能促进了儿童对他人想法的理解。第二，错误信念理解任务与语言存在一些结构共性。例如，词序（Astington、Jenkins，1999）、宾补结构（De Villiers、Pyers，2002）。第三，在词汇－语义水平上，像"猜""想""高兴"等这类描述心理状态的术语，若在日常对话中频繁使用，可有助于儿童更直接地获得心理状态概念（Brown、Donelan-McCall、Dunn，1996）。前面跟踪研究已发现，儿童心理状态术语的自发产生与错误信念理解存在显著相关，但产生一个词语并不代表儿童已经理解了这个词语的涵义，有可能只是对外部环境的语言刺激的刻意模仿。因此，本研究主要进一步考察儿童对心理状态术语理解与错误信念成绩表现之间的关系。

当然，考察心理状态术语理解离不开一种特殊的宾补从句结构，这种宾补从句结构是镶嵌在心理状态术语中。因此，这些动词的语义一定程度上控制了从句表达的意义。像"想""知道""相信"等动词表达了一种观点，指出了主语与命题之间的关系。例如：句子"范红相信李涛是个骗子"表达了"范红"在命题"李涛是个骗子"的想法，即他的想法是这个论断是真的。直到儿童理解“露西以为月亮是由绿奶酪做的”可能是真命题，而“月亮是由绿奶酪做的”是假命题，他们才能表征错误信念，从而成功完成错误信念任务（Carol、Miller，2006）。

心理状态术语有确信程度的区分（Bassano，1985；Johnson、Wellman，1980；Richards，1982；Shatz et al.，1983）。言语表达者可选择特定的心理状态术语来表达她对某论断的主观确信程度。如“我知道小明去商店了”这句话表达了说者对“小明去商店了”这一论断有较高的确信程度，而“我想小明去商店了”这句话则表现出较低的确信程度。Shatz 等（1983）将心理状态术语的这种功能称为“言论调制”。

心理状态术语的确信程度知识可能与错误信念理解密切相关，因为这样的知识迫使被试将心理表征与现实区分开来，这也正是标准错误信念所要求的，错误信念理解中被试需识别出与知道的真实情形不一致的表征（Cheung、Chen、Yeung，2009）。有较少的研究也证明了这种观点（Cheung、Chen、Yeung，2009；Lee、Olson、Torrance，1999；Moore、Pure、Furrow，1990；Tardif、Wellman、Cheung，2004）。

由于汉语中有个别心理状态术语可以表达一个错误的论断，如“以为”，且含有心理状态术语的语法结构比英语或别的语言更简单明了（Tardif、Wellman，2000）。有些研究者（Lee et al.，1999；Tardif et al.，2004）已研究了不同心理状态术语的标示对汉语儿童错误信念理解的影响，研究结果发现错误信念问题中含有“以为”的条件下，儿童错误信念任务完成得更好。但 Liu 等人（2008）的元分析中也指出，即使汉语中含有非事实动词“以为”，但汉语儿童的错误信念理解成绩与北美同龄群体相比，仍然较低。这些研究结果的不一致，需要我们进一步探讨汉语儿童心理状态术语的确信程度理解与错误信念表现之间的关系。

第一节　心理状态术语的初步研究

通过让儿童经常接触的成人——教师和家长完成日常生活中使用最多

的 10 个动词的选择任务和填写一个合适的信念动词的补全句子任务，了解成人在日常生活中和错误信念任务中自发使用心理状态术语的情况，从而获得经验性证据，为下面两个研究和干预研究筛选最常用的心理状态术语作为实验词。

一、研究方法

（一）被试

随机选取江苏省常州市某两所幼儿园教师 21 人和儿童家长 67 人共 88 名，儿童家长来自不同职业的群体，平时交流语言为普通话。

（二）材料

1. 选择任务

从前面跟踪研究中的儿童叙述话语中和基于信念 – 情绪归因解释中，挑选出儿童产生的主要心理状态术语，并结合以往有关心理状态术语研究中重点指出的心理状态术语，从而共组成 40 个心理状态术语清单（见表 6–1）。让成人根据自己日常生活中使用的情况，选出使用最多的 10 个动词。

表 6–1　40 个心理状态术语清单

估计	晓得	认为	以为	主张	知道	猜	回忆	计划	记得
假装	决定	觉得	考虑	要	理解	明白	认识	推测	忘记
希望	相信	想	注意	比较	打算	当	懂得	发觉	发现
解释	满意	骗	思考	体会	推理	感到	选择	怀疑	了解

2. 补全句子任务

补全句子任务是让被试在描述涉及意外地点任务、意外内容任务或外表 – 事实区分任务的错误信念情境的句子中，填写一个合适的信念动词，以使这个句子更好地描述问题中的错误信念情境（见附录 2）。例如：

故事情境：懒羊羊把喜欢吃的棒棒糖放在自己的书包里，然后去玩了。喜羊羊看到了，趁他不在时将糖取出来，放在冰箱里。懒羊羊回来后，想拿糖。

问：懒羊羊先到哪里找棒棒糖？

您的回答：懒羊羊先到书包里找，因为懒羊羊________他的棒棒糖在书包里。

这种设计是为了获得成人在错误信念任务中心理状态术语的自发使用情况。

（三）程序

将88名被试随机分成两组，一组36人（其中教师10名）完成选择任务，另一组52人（其中教师11名）完成补全句子任务。对教师的调查是采用分班发放、10分钟后收回的方式；对家长的调查是在家长会上集体发放并指导其填写问卷，10分钟后当场收回。

二、结果与分析

研究结果表明，成人在选择任务中，指出日常生活中经常使用的心理状态术语是："知道"一词排在首位，其次为"想""相信""记得""认为"等（见表6-2）。

表6-2　选择任务统计结果（%）

心理状态术语	知道	想	相信	记得	认为	忘记	觉得	猜	明白	希望
被选百分数	97.22	77.78	75.00	63.89	58.33	55.56	50.00	47.22	47.22	47.22

而在错误信念任务情境中，成人自发产生的心理状态术语主要是"想""认为""觉得""以为""猜"等，还有个别被试采用"估计""相信"等词语。其中，最易使用"想"　"认为"和"觉得"三个心理状态术语（见表6-3）。但Lee等（1999）在研究成人对"想""以为"和"当"三个信念动词哪个更适合错误信念的表达的排序任务中，发现"以为"是被认为更适合表达错误信念观点。"以为"一词可表示说话人的一种主观猜测，这个猜测在绝大多数情况下是与事实相反的，主要表达的是已然事件；而"认为"也表示说话者对人或事物持有的某种看法，至于是不是正确的就不得而知了，它主要表达的是未然事件（代元东，2009）。

表 6-3　补全句子任务统计结果（%）

心理状态术语	错误信念任务		
	意外地点任务	意外内容任务	外表 – 事实区分任务
想	32.69(17/52)	28.85(15/52)	21.15(11/52)
认为	36.54(19/52)	19.23(10/52)	42.31(22/52)
猜	0(0/52)	23.08(12/52)	3.84(2/52)
以为	11.54(6/52)	9.62(5/52)	15.38(8/52)
觉得	17.31(9/52)	15.38(8/52)	17.31(9/52)
估计	1.92(1/52)	3.84(2/52)	0(0/52)
相信	1.92(1/52)	0(0/52)	0(0/52)

注：括号内为通过的人数和总人数。

“想”是一个一词多义的词语，有时表达某种看法的较中立的心理状态术语，相当于“认为、推测”，但 Tardif 等人（2004）指出汉语普通话中的“想”的一词多义可能阻碍了儿童的错误信念理解。他们通过研究广东话中没有一词多义的“nam5”（想）和“ji5–wai4”（以为），发现在错误信念理解成绩方面，问题中含有“ji5–wai4”语言标示的儿童显著高于问题中含有“nam5”语言标示的儿童。

这些结果表明，成人在错误信念任务情境中，“以为”更能标示个体的错误信念状态，而“想”和“以为”又是汉语儿童日常生活谈话中经常使用的比较熟悉的词语（Zhu，1986）；“觉得”一词是日常生活中及错误信念理解测试中成人常使用的词语，是表达某种看法的较中立的心理状态术语。错误信念任务中使用不同的心理状态术语是否能造成儿童错误信念理解任务成绩的差异？为此，下面接着探讨在错误信念任务中三个心理状态术语的不同词义是否会影响儿童的错误信念理解能力的显现程度。

第二节　任务中不同心理状态术语的使用对儿童心理理论发展的影响

汉语中，有明确标示表达错误观点的心理状态术语“以为”，这种语义会不会影响汉语儿童错误信念理解成绩？在 Lee 等（1999）的研究中指出“想”是一个表达个体某种看法的较中性的心理状态术语，而 Tardif 等人（2004）在研究中又指出可能是汉语普通话中的“想” 的一词多义阻碍了儿童错误信念任务的理解，而不是标示表达错误观点的心理状态术语“以为”提高了儿童错误信念成绩。因此，本研究选择了成人日常生活中经常使用的表达某种观点较中性的心理状态术语——“觉得”，以及两个特殊的心理状态术语——“想”和“以为”，旨在探讨错误信念理解中这三个心理状态术语的使用是否会影响 3—5 岁儿童错误信念任务成绩。“想”的一词多义（“想”既指向信念又指向愿望）是否阻碍了儿童错误信念任务的理解？

本研究假设：第一，“想”的一词多义阻碍了儿童错误信念任务的理解，“想”条件下儿童错误信念理解成绩最差；第二，“以为”一词促进了儿童错误信念成绩的提高，“以为”条件下儿童错误信念理解成绩最好；第三，“觉得”条件下儿童错误信念理解成绩与其他两组成绩均存在显著差异。

一、研究方法

（一）被试

从江苏省常州市某两所普通幼儿园 15 个班级中（7 个小班和 8 个中班）随机选取 216 名之前从未参加过错误信念任务测试的 3—5 岁儿童，排除通过三遍讲述故事后仍无法正确回答控制问题的 7 名儿童（其中 5 名 3 岁儿童，2 名 4 岁组儿童），最终 209 名被试完成了所有的测验。根据老师报告和儿童资料，所有被试均说普通话，没有任何心理和行为问题或语言障碍。具体信息见表 6–4。

表 6–4　参与本研究的被试情况

组别	*n*			*M*（月）			*SD*		
	3 岁	4 岁	5 岁	3 岁	4 岁	5 岁	3 岁	4 岁	5 岁
觉得	19（10）	37（14）	16（9）	45.53	51.49	62.63	1.35	2.16	1.89
想	19（11）	29（15）	24（11）	43.79	52.48	63.42	1.65	3.01	1.69
以为	19（10）	27（14）	19（10）	44.95	52.59	62.84	1.81	2.63	1.92
总体	57（31）	93（43）	59（30）	44.75	52.12	63.02	1.75	2.61	1.82

注：括号中是男生的人数。

（二）实验任务

错误信念任务包括意外地点任务、意外内容任务和外表－事实区分任务各一个。实验材料故事框架同跟踪研究，只在测试问题中操作不同的心理状态术语，并增加知与不知问题。

1. 意外地点任务

“懒羊羊出去玩之前，将小车放在哪里？”（记忆控制问题）

“小车现在在哪里？”（事实检测问题）

“懒羊羊知道不知道喜羊羊把小车藏起来了？”（知与不知问题）

“懒羊羊觉得 / 想 / 以为他的小车在哪里？”（想法问题）

“懒羊羊回来后先到哪里去拿小车？”（行为预测问题）

前两个问题考察被试对故事的理解程度，若回答错误，再将故事讲一遍。若讲述故事三遍后，还不能理解的被试将退出本实验。知与不知问题、想法问题、行为预测问题均为0/1记分，涉及错误信念任务的是后两个问题，此任务的最终得分为 0 ～ 2 分。

2. 意外内容任务

主试向被试出示薯片盒，问被试里面装的是什么。然后主试打开盒子，拿出来一支铅笔。把铅笔放回盒子，并盖上盒盖。主试提问：

“现在里面放的是什么？”（检测问题）

“在打开盒子之前，你觉得 / 想 / 以为盒子里面放的是什么？”（表征转换问题）

“如果你们班上的 ×××（其熟悉的某个儿童）一进门，没有打开过这个盒子，他会觉得 / 想 / 以为里面放的是什么？”（错误信念问题）

“你好朋友一进门，没打开盖子，知道薯片盒里是铅笔吗？”（知与不知问题）

知与不知问题、表征转换问题和错误信念问题均为 0 / 1 记分，此任务的最终得分为 0 ～ 2 分。

3. 外表－事实区分任务

主试与被试隔着桌子面对面而坐，让被试看像钥匙的笔，让他们判断是什么。在被试辨认为“笔”之后，让他们用眼看，用手摸。主试指着笔问：

“它真正是什么？笔还是钥匙？”（事实检测问题）

“当还没有打开盖子的时候，你觉得 / 想 / 以为是什么？”（表征转换问题）

“如果你们班上的 ×××（其熟悉的某个儿童）一进门看到它，没有打开盖子，他会觉得 / 想 / 以为是什么？”（错误信念问题）

表征转换问题和错误信念问题均为 0 / 1 记分，此任务的最终得分为 0 ～ 2 分。

（三）实验设计与程序

采用 3（心理状态动词：觉得 / 想 / 以为）× 3（年龄：3/4/5）× 3（任务类型：意外地点任务、意外内容任务和外表 – 事实区分任务）的混合设计。为了避免心理状态术语的混用造成对错误信念成绩的影响，在不同心理状态术语的组别中，故事陈述、问题提问等环节自始至终保持使用同样的心理状态术语。为平衡顺序效应，三种任务的出现顺序及每种任务内的两个测查错误信念的问题出现顺序都以 ABBA 方式进行前后平衡处理。

被试在幼儿园一个安静的房间内由一名发展心理学专业研究生进行一对一的单独测验，每个被试约 10 ～ 15 分钟，完成后获得一件小礼物。对所有数据使用 SPSS 17.0 进行描述统计、方差分析等。

二、研究结果

由于初步统计男、女生在错误信念总成绩和各任务成绩上没有显著差异，因此将数据合并统计（以后的统计分析中，均将男、女数据合并处理），数据的描述性统计结果见表 6–5：

表 6–5　不同年龄被试在各个变量上的平均数及标准差（*M/SD*）

年龄组别	3 岁			4 岁			5 岁		
心理术语分组	觉得	想	以为	觉得	想	以为	觉得	想	以为
意外地点任务	0.32(0.58)	0.58(0.77)	0.89(0.57)	0.78(0.79)	0.58(0.77)	0.85(0.77)	1.06(0.77)	0.58(0.77)	1.58(0.61)
意外内容任务	0.32(0.67)	0.16(0.50)	0.63(0.83)	0.55(0.57)	0.48(0.78)	1.26(0.86)	0.94(0.68)	1.00(0.78)	1.42(0.77)
外表－事实区分任务	1.32(0.82)	0.95(0.85)	1.21(0.85)	1.49(0.69)	0.55(0.77)	1.63(0.69)	1.87(0.34)	1.25(0.79)	1.95(0.23)
错误信念总成绩	1.95(1.51)	1.68(1.06)	2.74(1.85)	3.05(1.60)	2.17(1.61)	3.74(1.75)	3.88(0.96)	3.75(1.73)	4.95(1.13)
t（与“3”比较）	–3.04**	–5.43***	–0.62	0.21	–2.78*	2.21*	3.66**	2.13*	7.52***

注：* 表示 $p < 0.05$，** 表示 $p < 0.01$，*** 表示 $p < 0.001$。

（一）不同心理状态术语组在错误信念总成绩及各个任务上的差异

1. 不同心理状态术语组在错误信念总成绩上的差异

以心理状态术语组别、年龄为自变量，错误信念总成绩为因变量，进行单变量方差分析（GLM）得知：不同心理状态术语的组别主效应显著，$F(2, 200)=11.72$，$p < 0.001$，进一步事后检验（LSD）发现，“以为”条件下的被试在错误信念总成绩上显著高于“想”和“觉得”条件下的被试（见图 6–1），而“觉得”条件下的被试和“想”条件下的被试在错误信念总成绩上并不存在显著差异；心理状态术语与年龄的交互效应不显著；年龄的主效应显著，$F(2, 200)=26.28$，$p < 0.001$。对年龄的主效应进一步事后检验（LSD）发现，两两比较均存在显著差异。当控制了年龄（月）这个变量后，进行单变量方差分析（GLM）得知：不同心理状态术语的组别间仍然差异显著，$F(2, 200)=12.69$，$p < 0.001$。

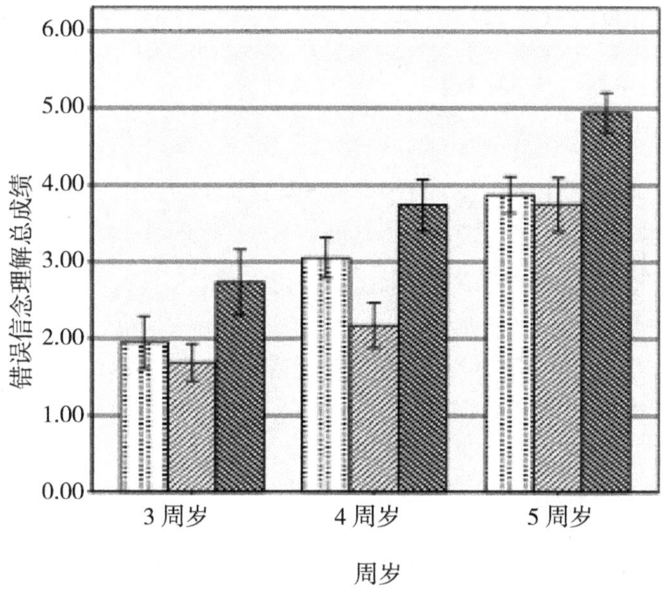

图 6-1 "觉得""以为"和"想"条件下的错误信念总成绩

虽然"以为"条件下的被试在错误信念总成绩上显著高于"觉得""想"条件下的被试，但将不同年龄阶段下的不同心理状态术语组别的错误信念总成绩与机遇水平比较（总分 6 分，与 3 分比较）发现，在"觉得"和"想"两种条件下的 3 岁组被试都显著低于机遇水平，在"以为"条件下的 3 岁组被试也处于机遇水平；"想"条件下的 4 岁组被试错误信念成绩显著低于机遇水平，"觉得"条件下的 4 岁组被试错误信念成绩处于机遇水平，但"以为"条件下的 4 岁被试却显著高于机遇水平；5 岁组被试无论在哪种条件下都显著高于机遇水平。

2. 不同心理状态术语组别在错误信念各个任务上的差异

为进一步探究两组差异到底是由哪种错误信念任务引起的，以错误信念各个任务分数为组内变量，以心理状态术语分组为组间变量，年龄（月）为控制变量，进行重复测量方差分析可知，任务类型的主效应临界显著，$F(2, 410)=2.97$，$p=0.053$；不同心理状态术语组别主效应显著，$F(2, 205)=12.69$，$p < 0.001$；心理状态术语组别与任务类型的交互效应显著，$F(4, 410)=2.58$，$p < 0.05$（见图 6-2）。进一步检验发现，在意外地点和意外内容任务上，"以为"一组的成绩均显著高于其他两组的成绩；而

在外表－事实区分任务上，“想”一组的成绩显著低于其他两组的成绩。

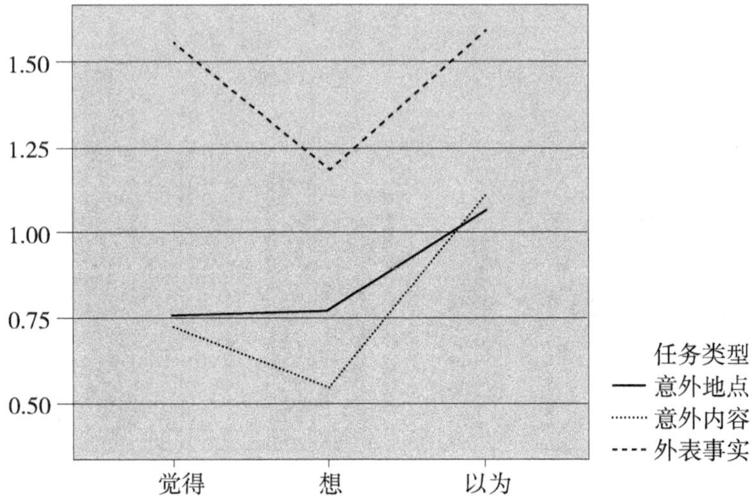

图 6-2　心理状态术语组别与任务类型的交互效应图

（二）不同心理状态术语组别在知识问题及行为预测问题上的比较

表 6-6 呈现了在知识问题和行为预测问题上的人数百分数。对两类知识问题和意外地点任务行为预测问题变量为行，心理状态组别两个变量为列，年龄放在第一层，进行列联表卡方检验，结果表明不同心理状态术语组别的三个年龄阶段儿童在意外地点任务知识问题、意外内容任务知识问题和行为预测问题上均没有显著差异。这种研究结果说明心理状态术语仅对含有心理状态术语的问题起作用。

表 6-6　“觉得”“想”和“以为”条件下在知识问题和行为预测问题上通过的人数及百分比

年龄	3 岁			4 岁			5 岁		
心理术语分组	觉得	想	以为	觉得	想	以为	觉得	想	以为
知识问题									
意外地点任务	63.16 (12/19)	68.42 (13/19)	73.68 (14/19)	91.89 (34/37)	100 (29/29)	96.30 (26/27)	100 (16/16)	100 (24/24)	94.74 (18/19)
意外内容任务	57.89 (11/19)	57.89 (11/19)	63.16 (12/19)	89.19 (33/37)	68.97 (20/29)	88.89 (24/27)	87.50 (14/16)	83.33 (20/24)	89.47 (17/19)
行为预测问题									
意外地点任务	26.32 (5/19)	26.32 (5/19)	31.58 (6/19)	43.24 (16/37)	44.83 (13/29)	48.15 (13/27)	75.00 (12/16)	75.00 (18/24)	73.68 (14/19)

注：括号里是通过的人数和分组总人数。

三、分析与讨论

实验结果证明了研究假设，在考察问题中不同心理状态术语的使用显著影响了 3—5 岁儿童错误信念任务成绩。其中，“以为”是错误信念理解任务中最好的标示词，这与以往研究结果相一致（Lee、Olson、Torrance，1999；Tardif、Wellman、Cheung，2004）。“想”和“觉得”一词在错误信念总成绩上虽然没在显著差异，但从错误信念成绩的均数来看，“想”无论在哪项任务上均低于“觉得”一词，尤其在外表 - 事区分实任务上，“想”一组显著低于其他两组。这种研究结果可能是因为在汉语中“以为”往往指向一个错误信念，而“想”“觉得”都是表达个体一个没有根据的或正确或错误的想法、信念。因此，“以为”一词描述错误信念问题比“想”“觉得”更恰当些。在最佳条件下，儿童的错误信念理解能力是能够被激发的，尤其是在最小化或消除信息加工限制的条件下（Harris，2004）。因此，当错误信念问题用这个独特的动词时，将错误信念外显化，可促使儿童意识到主人公持有一个错误信念。对于那些已具有真实和错误信念的两种表征方式的儿童来说，这种特殊的标示词凸显了故事中主人公的信念，这种凸显可能减少了执行控制要求，为引起的错误信念提供了一个更好的解释（Roth & Leslie，1998），从而让他们更容易报告出主人公的错误信念。这种使错误信念外显化的标示词甚至对于 3 岁儿童的错误信念理解也起到了一定的促进作用。相比较之下，词语“想”“觉得”对于儿童在错误信念任务理解上的促进效果更中立些，而且由于“想”的一词多义现象反而会造成一个消极影响。因为在日常生活中，我们成人经常将“想”既可用作表达一种愿望，也可表达一种真实或错误信念，有时也试图强调信念真实的可能性，还可表达认真思考（如“你想一想”）。这种多重含义的词语的使用又进一步造成了儿童的理解困难。

虽然不同心理状态术语对于错误信念理解有促进效果，但从研究结果可看出，不同心理状态术语的使用并没有改变儿童错误信念理解发展的时间进程表，较小儿童在错误信念的理解任务上仍然存在困难。即使在“以为”

这一组中，3 岁儿童仍然在机遇水平以下；而 4 岁儿童在“以为”条件下显著高于机遇水平，在其他两组条件下处于或低于机遇水平。5 岁儿童无论在任何条件下均显著高于机遇水平。正如 Wellman、Cross 和 Watson（2001）元分析发现的那样，儿童的信念理解成绩从系统低于随机水平（41 个月或更小儿童）向系统高于随机水平（48 个月或更大儿童）转化。这种词条效应并没有改变不同年龄从机遇下到机遇上的发展轨迹，也没有造成那些没有使用心理状态术语的问题成绩的提高。如在寻找问题上，在“以为”条件下，31.58% 的 3 岁儿童、48.15% 的 4 岁儿童和 73.68% 的 5 岁儿童能正确预测由于主人公持有错误信念造成了他们会在错误地方寻找。应该指出的是，3 岁儿童可能缺乏认识错误信念所必需的错误表征（Flavell，1988；Perner，1991），他们仅仅持有一个真实表征。因此，当让他们指出别人或自己的错误信念时，他们错误地将一个真实信念归因于其他人或他们自己（Lee、Olson、Torrance，1999）。语言在概念任务中仅具有局部效应，对于那些可能不具有错误信念表征的 3 岁儿童，他们的执行控制能力也还不能充分抑制标准错误信念任务中的现实表征（Matsui et al.，2009）。由此可见，心理状态术语理解对错误信念理解影响存在一定的局限性。研究进一步发现，心理状态术语与任务类型存在交互效应。“以为”一组的意外地点和意外内容任务成绩均显著高于“想”和“觉得”两组的成绩；而在外表 – 事实区分任务上，“想”一组的成绩显著低于其他两组的成绩。尤其是 4 岁儿童“想”的条件下的平均分是 0.55，而“觉得”条件下是 1.49，“以为”条件下是 1.63。这可能由于在儿童错误信念理解发展到临界阶段，不同词语的使用会对成绩造成显著影响。在儿童以为比较简单的外表 – 事实区分任务中，“想”一词包含有“再三思考”的含义，促使儿童错误理解了外表问题，儿童的反应中所表达的意思可能是，他们不想再上当。这种交互效应的机制需要以后进一步研究。

与 Lee 等人（1999）和 Tardif 等人（2004）的研究结果一致，本研究也发现了儿童在外表 – 事实区分任务上成绩显著高于其他两项任务。但这一研究结果与其他研究结果并不一致（邓赐平，2001；张丽锦、吴南、郑砚，2008；Cheung、Chen、Yeung，2009；Flavell、Green、Flavell，1999；Gopnik、Astington，1988）。这些研究中指出外表－事实任务成绩较差。如邓赐平（2001）研究指出，儿童在不同 ToM 任务上表现的发展存在较大的差异，即他们的表现似乎具有任务特异性，最先掌握的是意外内容任务，然后是意外地点任务，最后是外表－事实区分任务。在他的进一步研究中发现，实验材料影响儿童在外表－事实任务上的表现，实验材料越熟悉，表现就越好。当然，儿童在这项任务的较好表现并不像 Tardif 等人（2004）解释的那样，中国儿童在他们的生活情境中经常会遇到外表和事实不一致的情境，这些情境为儿童提供了丰富的知识经验，尤其中国儿童都熟知的电视剧《西游记》中变化无常的妖怪和孙悟空都为这项任务的较好完成提供了支撑。但实际上，不仅中国儿童会阅读到这种变化多端的欺骗情节，而且西方儿童也经常阅读到类似《白雪公主》这样的外表和事实不一致的故事情节。因此，Tardif 等人（2004）的解释并不能令人信服地说明中国儿童与西方儿童在外表－事实区分任务表现上的差异。在本任务中，使用的工具是看似钥匙的笔，这是个从外表现象到事实本质儿童都比较熟悉的实验材料，而且儿童们还观看到主试使用这支笔在白纸上画线，最后主试将盖子合起来再问问题。在将盖子合起来时，实际上已突出了“钥匙”的外表知觉。这可以用一些研究者（Mitchell，1994；Robinson、Mitchell，1995）提出的“事实掩蔽假设”来解释，这种假设假定儿童偏好基于事实做出信念判断，这种偏好掩蔽了儿童所可能具有的任何对心理的早期洞察。例如 Russell 等人（1991）提出，当信念和假定的事实相冲突时，事实将胜出，因为对于儿童来说事实更突出。按照 Fodor（1992）的看法，之所以如此是因为根据假定的事实做出关于信念的推理，对儿童的信念加工较低。有些研究（李晶、刘希平，2008；Saltm、Mitchell、Robinson，1995；Sapp、Lee、Muir，2000）也证明了这一点。当然，心理理论的发展过程中，在儿童错误信念理解问题上，关键在于儿童能否对于同一事物建构不同的心理表征（杨小冬、方格，2005）。由于对同一事物不能建构不同的心理表征，儿童才受现实刺激的影响。

总之，本研究主要论证了心理状态术语对错误信念理解的特异性，而不是普遍性。心理状态术语“以为”仅仅在儿童处于似懂非懂的发展期且在含有心理状态术语的问题中时才对错误信念理解最有效，而多层含义的词语使用又造成了错误信念任务理解的困难。不过，即使儿童从凸显信念错误的语言中受益，也并不能改变错误信念理解从机遇下到机遇上的发展轨迹。

四、结论

1. “以为”条件下的儿童的错误信念总成绩显著高于“想”和“觉得”条件下的儿童，而“觉得”条件下的儿童和“想”条件下的儿童在错误信念总成绩上并不存在显著差异。

2. 无论在哪种心理状态术语条件下，3 岁儿童在错误信念成绩上均低于机遇水平；仅有“以为”条件的 4 岁儿童的错误信念成绩显著高于机遇水平；5 岁组儿童无论在哪种条件下都显著高于机遇水平。

3. “以为”一组在意外地点和意外内容任务上的成绩均显著高于其他两组的成绩；在外表 - 事实区分任务上，“想”一组的成绩显著低于其他两组的成绩。

4. 不同心理状态术语组别的儿童在知识问题和行为预测问题上均没有显著差异。

第三节　心理状态术语的明确程度对儿童心理理论发展的影响

由于上面研究是在错误信念任务里操作不同心理状态术语来考察其对错误信念的影响，这种情况下，心理状态术语（尤其是非事实动词）有可能会让儿童在不理解错误信念故事的情境中给出一个正确的答案，造成测验结果的误差，因为一般语言能力在儿童错误信念理解方面也起着重要作用。为了进一步探讨错误信念理解能力与心理状态术语理解的关系，通过对 3—5 岁儿童的错误信念理解和心理状态术语理解能力分别测验，并考察儿童的一般语言能力，从而能较好地将心理状态术语的理解能力与错误信念理解能力在任务范式上有效地剥离。

本研究假设：第一，儿童在不同任务类型上的错误信念理解差异不显著，在实验情境下的错误信念理解差异显著；第二，控制儿童的一般语言能力和年龄，儿童的心理状态术语理解是错误信念理解的有效预测源；第三，4 岁以上儿童能较好理解心理状态术语。

一、研究方法

（一）被试

从江苏省常州市某两所普通幼儿园随机选取 70 名之前从未参加过错误信念任务测试的 3—5 岁儿童，所有被试完成了全部测验。根据老师报告和儿童资料，所有被试均说普通话，没有任何心理和行为问题或语言障碍。调查样本的基本信息如表 6–7。

表 6–7　调查样本情况

年龄组	总人数（男，女）	平均年龄（月）	标准差（月）	年龄范围（月）
3 岁	24(10,14)	43.17	2.41	38—47
4 岁	23(12,11)	51.61	3.31	48—58
5 岁	23(14,9)	62.22	1.91	60—65

（二）实验任务

一般语言能力：选用华东师范大学修订的麦卡锡幼儿智能量表（中国修订版）的语言分量表（MSCA–CR）（陈国鹏、李丹，1994）测查儿童的语言能力，包括图画记忆、词语知识、词语记忆、词语流畅性、反义类推 5 部分，总分 96 分。该语言量表具有较高的信度和效度，一致性系数为 0.82、0.87，分半信度为 0.86 ～ 0.89，准则关联效度为 0.64。最后采用正确回答的原始分数进行统计。

错误信念任务：包括两个意外内容任务、两个外表 – 事实区分任务和三个意外地点任务，其中六个任务故事框架同上章节的跟踪研究，只是在这个研究中又增加了一项真人表演的意外地点任务，这个任务程序如下：

首先，实验者将被试领到一个安静的房间里，房间里有一位实验者助手。桌子上有事先准备好的三个好看的印章，还有两个空的薯片盒。实验者告诉被试："今天，我们和姐姐三个人一块儿玩印章。"实验者、实验者助手与被试一块儿挑选印章，然后在空白纸上印图案。当被试玩得高兴时，突然实验者助手的手机响了（事先设计的闹铃）。实验者助手对被试说："我要出去接个电话，接完电话我还会来玩，不要玩我的印章哦，我先把它藏起来。"说着，就将印章放在了一个倒扣的空薯片盒子里出去了。实验者助手走后，实验者跟被试说："我们跟姐姐开个玩笑，把印章藏起来，让她找不到。"于是，让被试亲自将印章挪到另外一个薯片盒里。接着就悄悄问被试以下几个问题：

"那个姐姐出去的时候，把她的印章藏在哪里了？"（检测问题）

"她一回来，先到哪里找她的印章？为什么？"（行为预测问题）

"她一回来觉得她的印章在哪里？为什么？"（想法预测问题）

所有控制问题不计分，每个错误信念任务中包括 2 个错误信念问题，每题回答对了记 1 分，错了记 0 分。前六个任务的顺序及所有任务中的错误信念问题已经过平衡。错误信念测试总分为 14 分。

心理状态术语的确信理解实验：采用 Moore 等人（1990）的研究范式——藏与找的游戏。在这个实验中操作四个日常生活中经常用到的不同确信程度的心理状态动词（知道、相信、想、以为），从而组成了 6 对心理状态动词：知道 – 相信、知道 – 想、知道 – 以为、相信 – 想、相信 – 以为、想 – 以为。测试程序如下：

将被试领进一个安静的房间里，告诉他一块儿来玩一个找糖的游戏。在桌子上，放着两个薯片盒。在藏糖的时候，让被试背过身去，但事先告诉被试会有两个手偶（小鸭子和小老鼠）帮助你，可能是小鸭子，也可能是小老鼠。接下来，练习 6 遍。练习中，一个手偶指着一个薯片盒说："他真的藏在这里。"另一个手偶就会指着另外一个盒子说："它藏在这里是假的。”然后，让被试指出糖藏在哪里。练习中，让被试明白只有仔细听两个手偶的不同话语，判断哪个手偶可以帮助他，才能找到糖。在练习阶段，被试每次练习都得到正确反馈；而在正式实验中，被试并不给出相关反馈。正式实验中，两个手偶分别说着含有不同心理状态术语的话语。例如一个手偶指着一个薯片盒说：“我知道它藏在这里。”另一个手偶则会指着另外一个薯片盒说：“我相信它藏在这里。”然后，让儿童判断谁在帮助他，从而指认糖在哪个盒子里。

每个儿童接受每对心理状态术语各 2 次，共有 12 次，呈现方式随机安排。答对一次计 1 分，共 12 分。

（三）程序

由一位发展心理学专业研究生和一位应用心理学专业本科生实施测试。本研究持续 10 天，每个被试分 4 次完成所有任务，第一次完成 MSCA-CR，第二次完成 6 个错误信念任务测试，第三次完成心理状态术语确信程度的理解实验，第四次完成真人表演的意外地点任务。实验个别实施，在幼儿园一间安静房间内进行，实验后被试得到一枚贴花纸。

二、研究结果

（一）被试各项测量任务的描述性结果

1. 各个测验任务的年龄差异

初步统计发现，男孩和女孩在各项测验任务上均无显著差异。因此，后期统计将数据合并使用，统计结果见表 6-8。

以错误信念各个任务分数为组内变量，以年龄（月）为控制变量，进行重复测量方差分析，可知任务类型的主效应不显著，$F(2, 67)=0.97$，$p=0.82$。

以年龄（周岁）为自变量，各个测验任务成绩为因变量，进行一元方差分析（One-Way ANOVA），可知年龄在各个测验任务成绩上差异极其显著。进一步事后检验（LSD）发现，各个年龄组之间都存在显著性差异。

表 6-8　各项测量任务的平均数及标准差

任务	3 岁		4 岁		5 岁		F
	M	SD	M	SD	M	SD	
一般语言能力	39.21	10.83	49.30	7.86	62.35	9.73	34.45***
意外地点任务	1.13	1.19	2.39	0.99	3.09	0.95	21.14***
意外内容任务	1.33	1.34	2.43	1.53	3.17	0.72	12.98***
外表 - 事实任务	1.88	1.33	2.43	1.38	3.78	.52	17.05***
错误信念总成绩	5.00	3.43	8.87	3.40	11.83	1.75	31.22***
心理状态术语理解	5.50	2.48	7.13	2.49	8.67	2.27	9.24***

注：*** 表示 $p < 0.001$。为了方便比较，意外地点任务不包括真人表演的分数。相关分析和回归分析中包括这项分数。

2. 不同类型的意外地点任务成绩的差异比较

以意外地点任务类型（2）为组内变量，以年龄为组间变量，进行重复测量方差分析，可知：

任务类型主效应显著，$F(1, 67)=11.35$，$p < 0.01$；年龄主效应差异显著，$F(2, 67)=31.35$，$p < 0.001$；任务类型和年龄的交互效应不显著。但以年龄（月）为控制变量，意外地点任务类型（2）为组内变量进行重复测量方差分析，发现任务类型的主效应并不显著。由于年龄主效应差异显著，以年龄为分组变量拆分数据后，对两种任务类型与机遇水平（=1）进行单样本 t 检验发现，3 岁组真人版的意外地点任务成绩与动画片版一样仍然显著低于机遇水平，检验结果分别为 $t(23)=-2.15$（$p < 0.05$），$t(23)=-3.60$（$p < 0.01$）；而 4 岁组真人版的意外地点任务成绩显著高于机遇水平，$t(22)=5.01$，$p < 0.001$，动画片版同龄儿童仍然处于机遇水平；5 岁组儿童无论在哪种条件下均显著高于机遇水平，$t(22)_{真人版}=8.90$（$p < 0.001$），$t(22)_{动画片版}=5.49$（$p < 0.001$）（见图 6-3）。

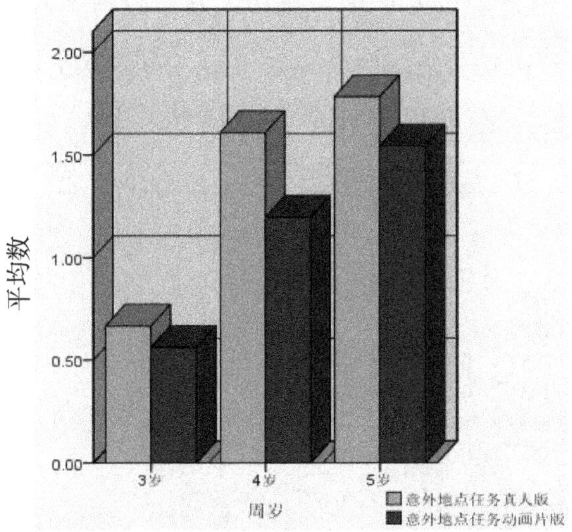

图 6-3 不同实验情境的意外地点任务成绩

3. 不同年龄组被试心理状态术语确信程度理解的差异比较

对不同年龄组在每对心理状态术语理解上进行单样本 t 检验（检验值是 1），发现 3 岁组除了在“相信 – 想”的成绩显著低于机遇水平外，对其他几对心理状态术语的区分都处在随机水平；而 4 岁组仅在“知道 – 认为”的成绩显著高于机遇水平，“知道 – 想”的成绩与机遇水平边缘显著（p=0.056）；5 岁组儿童除了 “知道 – 相信”的成绩处于机遇水平之外，其他几对心理状态术语成绩均显著高于机遇水平（见表 6-9）。

表 6-9 不同年龄组被试心理状态术语确信程度理解的平均数及标准差

任务	3 岁		4 岁		5 岁	
	M	*SD*	*M*	*SD*	*M*	*SD*
知道 – 相信	1.00	0.66	1.17	0.58	1.17	0.65
t	0.00		1.45		1.28	
知道 – 想	1.05	0.65	1.26	0.62	1.57	0.73
t	0.33		2.02		3.73^{**}	
知道 – 以为	0.75	0.79	1.57	0.59	1.83	0.39
t	−1.54		4.60^{***}		10.22^{***}	
相信 – 想	0.63	0.71	1.17	0.65	1.48	0.67
t	−2.58*		1.28		3.45^{**}	
相信 – 以为	1.08	0.78	1.22	0.74	1.74	0.62
t	0.53		1.42		5.73^{***}	
想 – 以为	0.96	0.69	1.13	0.69	1.48	0.67
t	−0.30		0.90		3.45^{**}	

（二）各个任务成绩之间的简单相关分析和偏相关分析

年龄及各个任务得分之间的 Pearson 相关分析如表 6–10 所示。

表 6–10　各任务间的简单相关分析

变量	1	2	3	4	5	6	7	8	9	10	11	12	13
1. 年龄（月份）	–												
2. MSCA–CR 总分	0.73**	–											
3. 知道 – 相信	0.12	0.24*	–										
4. 知道 – 想	0.30*	0.47**	0.36**	–									
5. 知道 – 以为	0.62**	0.59**	0.18	0.24*	–								
6. 相信 – 想	0.47**	0.32**	0.10	0.23	0.37**	–							
7. 相信 – 以为	0.40**	0.27*	0.34**	0.12	0.33**	0.48**	–						
8. 想 – 以为	0.35**	0.37**	0.34**	0.07	0.38**	0.21	0.37**	–					
9. 心理术语理解	0.61**	0.60**	0.58***	0.52**	0.67**	0.66**	0.70**	0.63**	–				
10. 意外地点任务	0.69**	0.52**	0.33**	0.20	0.53**	0.53**	0.56**	0.35**	0.67**	–			
11. 意外内容任务	0.57**	0.62**	0.17	0.42**	0.54**	0.39**	0.33**	0.43**	0.61**	0.56**	–		
12. 外表 – 事实区分任务	0.60**	0.63**	0.21	0.39**	0.55**	0.37**	0.43**	0.50**	0.66**	0.53**	0.75**	–	
13. 错误信念任务总分	0.73**	0.68**	0.28*	0.37**	0.63**	0.51**	0.53**	0.48**	0.76**	0.85**	0.87**	0.86**	–

结果表明，错误信念理解与年龄、一般语言能力、每对心理状态术语区分分数及心理状态术语总分均存在显著相关，而“知道 – 相信”的区分分数与意外内容任务和外表事实任务之间并不存在显著相关，“知道 – 想”的区分分数与意外地点任务分数不存在显著相关。我们以年龄、MSCA–CR 总分作为控制变量，考察错误信念理解与心理状态术语总分之间的偏相关。结果表明，它们之间仍存在显著相关，r=0.54，$p < 0.001$。

（三）年龄、MSCA–CR 和心理状态术语理解对错误信念成绩预测的多重回归分析

为了检验年龄、一般语言能力和心理状态术语理解在错误信念理解中的相对作用，以错误信念成绩为因变量，以变量年龄、一般语言能力为自变量第一层，心理状态术语理解变量为自变量第二层，进行分层回归分析，具体结果见表 6–11。

首先，在建立的回归方程模型 1 中，年龄先进入了回归方程，解释错误信念理解成绩方差变异的 56.42%；在回归方程模型 2 中，年龄和心理状态术语都进入了回归方程，解释错误信念理解成绩方差变异的 68.65%，而一般语言能力没有进入回归方程。

表 6–11　各变量对错误信念成绩预测的回归分析

（以错误信念成绩为因变量，*N*=70）

变量	*B*	*SE*	R^2 变化	*F* 变化	*p*
第一层					
年龄	0.17	0.05	0.58	45.66	0.00
一般语言能力	0.05	0.03			
第二层					
心理状态术语理解	0.69	0.13	0.12	27.15	0.00

三、分析与讨论

（一）儿童在不同实验材料和实验情境下的错误信念能力表现

本研究结果指出不同任务类型之间不存在显著差异，这与本章第三节的研究结果不一致。这可能由于采用的实验材料不一样所致，研究所采用的实验材料是看似钥匙的圆珠笔，合起来是钥匙，打开盖子是铅笔，实际上这两个物体的表征形象并不一样，而且在询问问题时主试将盖子合起来，又进一步突出了钥匙的直观形象，降低了被试的信息加工困难；而本研究采用的材料是看似香蕉的蜡烛，同样的物体表征要用两种不同的语言标签来标记，从而加大了儿童的抑制性控制的难度。另外，物体的熟悉度也是影响外表－事实区分任务成绩的一个重要因素。Merriman 等（1995）指出典型的外表－事实区分任务激起了儿童的相互排斥限制策略（mutual exclusivity constrain）。所谓相互排斥限制策略是指儿童假定一个物体只有一个名称，因此当他听到一个新词时，更可能将其用于指一个未知客体，而不是他已知道名称的客体。这是儿童学习新名词中一个非常重要的策略。儿童熟悉的物体越多，那么他在欺骗的物体情境下会更有经验，相互排斥限制策略就会减弱，儿童就会用不一致的标签标记同样一个物体。本章第二节研究的笔和钥匙相比本研究中的蜡烛来说是儿童较熟悉的材料。因此，的任务材料促进了儿童在该项任务上的成绩，造成了与其他任务类型成绩之间的不一致。不过，不管哪种任务类型，似乎 3 岁儿童普遍缺乏错误信念理解能力，4 岁左右儿童才开始表现出错误信念理解能力，这与以往一些研究结论一致（邓赐平、桑标、缪小春，2002）。

另外，研究结果也发现，真人表演情境下的意外地点任务成绩显著高于动画片版的意外地点任务成绩。以往的一些研究（邓赐平、桑标，2003；李晶、刘希平，2008；苏彦捷、王恪，2004）也证实了实验情境会影响儿童错误信念的任务成绩。这可能由于对于较大的 4 岁、5 岁儿童来说，虽然动画任务是动态的、连续的故事，儿童更容易把握故事的情节，但他们在整个观看过程中始终处于被动的位置，影响了他们对这种活动的投入程度，增加了领会故事的额外要求。而真人版的任务下，主试在这种互动的交流情境中，可以最大限度地让儿童理解该任务的要求，从而促进了儿童在错误信念任务上的表现（Siegal，2000）。尤其对于那些可能处在似懂非懂阶段的 4 岁儿童，真人版的情境交流就像垫脚石般促进他们完成了质的飞跃。但对于较小的 3 岁儿童来说，可能不具备这些任务所需要的表征能力或在这两类情境中都无法使用完成该任务所需要的表征能力，也就是说可以用表征缺失理论或表征不可通达假设来解释。不过目前的实验并不能解释到底是哪种理论起作用，这需要后续研究来解决这个问题。

（二）儿童心理状态术语理解能力

研究结果表明，5 岁儿童才能较好地区分一些心理状态术语，能较好地理解“知道”一词，但他们仍然不能区分事实性动词“知道”和表达高度确信的非事实性动词“相信”。Moore 和 Davidge（1989）认为儿童理解不同确信程度的心理状态术语主要基于心理状态术语的事实性和非事实特性的理解。5 岁儿童可能将表达高度确信“相信”看作一种事实性动词。4 岁儿童，仅仅能将事实性动词“知道”从“以为”“想”这些非事实性动词中区分开来，而不能区分任何一对表达不同确信程度的非事实性心理状态术语。这与本章第二节研究的研究结果有点不符。本章第二节研究中的儿童在“以为”条件下的错误信念成绩显著高于“想”条件下的成绩，尤其 4 岁儿童表现得更突出。这可能由以下原因造成的：第一，可能是不同的任务情境所致。本章第二节研究是在错误信念任务的故事情境中操作不同心理状态术语，而本研究中心理状态术语实验的故事情境相对单调简单，儿童可能已内隐地知道“以为”表达了一种不正确的观点，而在较单调的任务情境中没有展现出来。第二，也有可能是本章第二节研究中的被试要比本研究的被试年龄大一些的原因所致。以后的研究会进一步考察这一问题。

另外，在研究中还得到一个有趣的结果，3 岁儿童除了在“相信 – 想”的成绩显著低于机遇水平外，对其他几对心理状态术语的区分都处在随机猜测水平。在前面跟踪研究中已发现，“想”是年幼儿童常使用的心理状态术语，它包括多重含义。而“相信”一词在中国儿童的对话中并不常出现，因此，可能儿童倾向于选择比较熟悉的词语。另外，一些研究者（Abbeduto、Rosenberg，1985；Johnson、Maratsos，1977）指出，4 岁前，“想”和“知道”一词一样，被看成是一种事实。心理状态术语产生的观察数据也表明，到 3 岁末时“想”一词的使用才出现标示相对确信状态的含义（Shatz et al.，1983）。可能 3 岁儿童把“想”一词理解为类似于“知道”这类的词语。Tardif 和 Wellman（2000）通过观察研究发现，汉语儿童心理状态谈话典型地依赖于像“要”“想”“知道”等心理状态术语。也指出汉语的另外一个特征是，心理状态术语往往编码为一词多义的。儿童对这些一词多义的词语的理解有时处于懵懂状态，因此在与“想”的区分中，3 岁儿童不知道如何选择，处于随机状态。

（三）儿童错误信念任务成绩与心理状态术语理解间的关系

研究发现，控制了年龄和一般语言能力后，儿童错误信念任务成绩与心理状态术语理解成绩间仍然存在显著相关，是儿童错误信念任务成绩的主要预测源。这与以往的一些研究结果相一致（Olson，1988；Moore、

Pure、Furrow，1990；Cheung et al，2009）。Olson（1988）指出幼儿心理状态术语理解（如“知道”和“想”）是对于通过错误信念任务为标示的心理理论发展所必需的。Cheung等人（2009）研究了4岁儿童错误信念理解、一般语言能力、句子补足语、非言语智力、心理状态术语理解等变量，经过相关分析和回归分析后发现，控制了非言语智力和一般语言能力后，仅仅是心理状态术语词义理解预测了错误信念理解能力。Matsui、Yamamoto和McCagg（2006）研究了日本儿童心理状态术语的确定性理解、句末语气词与错误信念理解之间的关系，结果表明错误信念理解仅仅与心理状态术语所传达的动词词义有关，与语气词无关。这可能由于心理状态术语语义理解所要求的表征正是标准错误信念任务所要求的较完整的表征（Matsui、Yamamoto、McCagg，2005，2006）。

以前研究数据显示的补足语和通过标准任务所衡量的错误信念理解之间的关系更可能与心理状态术语的词义（如确定性）关系密切，与如句末语气词和补足语这种结构化变量无关。大概因为句法所传递的表征方式与动词语义所传达的表征方式相比，缺少错误信念理解所要求的更完整的表征方式（Cheung et al.，2009）。一些研究也证明了错误信念理解和结构性变量（如句末语气词和一个相对中立，非错误信念故事背景下的复杂补足语）之间并不存在显著相关（Cheung，2006；Cheung et al.，2004；Matsui et al.，2006；Tardif et al.，2007），而表达心理状态的语法结构所传达的实际意义可能是一个重要的因素（Sprung、Zauner、Haider，2003；Tardif、Wellman，2000）。神经学研究也证实了这一点，Cheung等人（2012）运用FMRI技术比较了非文字材料与非事实动词材料分别引发的错误信念理解时激活的脑区，研究结果表明，非事实动词与错误信念共同引起了右脑颞顶联合区的激活。一个信念的语言表征潜在地影响了儿童对表述正确或错误含义的陈述句的理解（Li et al.，2013），因此，错误信念理解和语言之间的关系可能操作在一种心理状态术语水平上（Ruffman et al.，2003）。

四、研究结论

1. 儿童在不同任务类型的错误信念理解上差异不显著，在实验情境下的错误信念成绩差异显著；

2. 儿童的心理状态术语理解成绩表现出年龄差异，到了5岁，儿童才能较好地区分一些心理状态术语；

3. 儿童的心理状态术语理解成绩与错误信念理解能力密切相关。控制了年龄、一般语言能力后，仍显著相关。回归分析也发现，心理状态术语理解成绩是错误信念理解的有效预测源。

第四节 小结

两个研究均证实了幼儿的心理状态术语理解影响了错误信念任务成绩。儿童理解“知道X”和“认为X”的差异，而不是“害怕X”和“害怕Y”之间的差别，也不是“认为X”和“认为Y”间的差异是非常重要的（Olson，1988；Ruffman et al.，2003；Slade、Ruffman，2005）。这种心理状态术语的产生、理解会导致一种元意识语言，这种元意识是内部信念的外部再现所需的语言表达方式，而这些内部信念又影响了人们的行为（Olson，1988）。而幼儿错误信念理解能力和元语言意识密切相关（Doherty、Perner，1998），3—5岁又是错误信念理解发展的一个重要时期，尤其是4岁儿童发展了一种有关信念表征本质的一般理解能力（Moore、Pure、Furrow，1990）。本研究也发现，无论是错误信念理解还是心理状态术语理解，4岁以下儿童的理解成绩均在机遇水平以下或处于机遇水平，而4岁儿童具有较好的理解能力。这种研究结果既支持模块论所倡导的观点，指出心理理论是由天生模块组成的，他们遵照既定的时间表自然展开，又支持像Carpendale和Lewis的建构主义理论强调的那样心理理论形成于社会互动中进行的积极理论建构。

语言本质就是社会交互作用的结果。在双方交谈中，各方都应考虑他人的想法，才能使交流顺畅地进行下去。心理状态术语的学习和使用正是嵌入在随着实际社会背景不断变化的真实生活对话中（Montgomery，2005）。在每天与他人的谈话中，标示不同事实和确定性程度的动词的使用是一种促进儿童错误信念理解的有效手段（Dunn、Brophy，2005）。因为这些心理状态术语具有特有的表达不同事实性和确定性程度的语义特性，在每天的谈话中使用这些词语为儿童思考现实生活中的不确定性的解释提供了更多的支撑。

第七章　心理状态术语输入与儿童心理理论发展的实证研究

考察儿童心理状态术语与错误信念的关系大多数是相关研究，且很多研究表明两者之间存在相关（Adrian、Clemente、Villanueva，2007；Hughes、Dunn，1997；Moore、Pure、Furrow，1990；Slaughter、Peterson、Mackintosh，2007），本书前面的研究结果也证明了这一点。对于儿童来说，目前这方面的研究领域争论的一个焦点是让儿童暴露在一种外显的心理状态术语下，是否会导致儿童对自己和他人信念的概念性理解（Peskin & Astington，2004）。要探讨这一点，由于相关设计自身的局限，较难也几乎不可能控制所有的变量，所以使用相关设计研究心理状态术语与心理理论的关系是很难解开这个问题的。考察语言具体成分是否对儿童错误信念理解有影响的一种最有效的研究类型就是干预研究（Carol、Miller，2006）。

儿童输入心理状态术语最重要的渠道之一就是亲子共读图画故事书。通过图画故事书中简洁直观的画面和语言相结合，给儿童带来愉悦的阅读体验，促进儿童早期阅读能力的发展，并进一步促进儿童的社会性发展。

第一节　汉语图画故事书中心理状态术语运用的现状研究

汉语儿童的回忆话语中，较少涉及心理状态术语，尤其是认知术语很少使用，且出现了地板效应（陆慧菁、苏彦捷，2007；Lu、Su、Wang，2008；Wang，2004）。桑标和李燕燕（2004）的研究也指出在同伴假装游戏和亲子互动游戏中，与西方儿童相比，中国儿童运用心理状态术语较少，尤其信念动词。这可能与中西方在亲子谈话的内容及风格上存在明显的文化差异有关。在亲子谈话内容上，西方文化下亲子间讨论更多的是自我与情绪状态，而我国亲子间谈论较多的是他人与行为，父母很少从个人特质及心理活动的角度看待儿童的行为（苏彦捷、覃婷立，2010）。在日常对话中，中国的亲子沟通可能较少涉及心理状态，以至于反映心理状态的语言工具——心理状态术语也较少谈到。但在一种常借助图画故事书而进行的特殊的亲子谈话——亲子共读中，若图画故事书中含有较多的心理状态术语，可能会促进亲子共读中心理状态术语的运用。目前图画故事书是儿童最早接触到的书面阅读材料之一，图画故事书是将表达特定的情感和主题通过文字与图画两种媒介结合起来的书。图画故事书阅读为儿童提供了与图画、文字以及口头语言等不同符号系统产生互动的大量机会（周兢，2011）。

Dyer、Shatz 和 Wellman（2000）等人通过对 90 本英语图画故事书的研究发现，适用于 3—6 岁儿童的英语图画故事书包含了频繁且多样的心理状态术语，平均每三句话就会出现这样一个词，儿童图画故事书确实是提供心理状态信息的可行性来源。后来，为了研究其他文化背景下的图画故事书是否也存在相似结论，Dyer 等（2004）分别对美国和日本各 40 本儿童图画故事书中心理状态术语的频率与类型统计对比后发现，心理状态术语在儿童图画故事书中出现频率很高且两国的相似度也较大，隐含个体主义或集体主义的词语频率也没有显著差异。这一研究结果说明儿童图画故事书中传达的意识状态不只是某种特定的文化，主要表达的是有关心理状态方面普遍意义上的有用信息。侯佳（2015）研究也发现，3—5 岁中国汉语图画书平均每三句话中就含有一个表达故事中角色人物认知、情感、欲求及道德评价等方面的心理状态术语。

我国日常亲子谈话中涉及心理状态术语较少，汉语图画故事书中涉及的心理状态术语情况怎样？汉语图画故事书与美国、日语故事图画书中的心理状态术语是否存在差异？这是本研究的主要目的。

一、研究方法

（一）研究材料

本研究从幼儿教育专家、幼儿园教师、家长的推荐中选择了 145 本儿童图画故事书，这 145 本书均是当当网、京东网、卓越网和新华书店等网店、实体店里最畅销的亲子活动中家长常用书目。然后，列举了这 145 本书目并编辑成调查表发放，发放对象为无锡市某幼儿园的 23 名教师和 27 名家长，一共发放 50 份调查表，收回 47 份，有效的调查表为 46 份。采用 Dyer 等人在 2004 年的研究程序，通过对调查结果中选择频率最高的书籍进行排序，得出选择最多的前 40 本儿童图画故事书作为此研究的材料，如《西游记》《猜猜我有多爱你》《好饿的毛毛虫》《灰姑娘》等。

二、研究程序

（一）确认书目

根据发放的 46 份调查表，统计调查对象对 145 本书目的选择情况，记录下每一本书被选择的次数，然后根据每本书出现的频数从高到低进行排序，最终确认 40 本儿童图画故事书为调查的样本。

（二）编码心理状态术语

根据 Dyer 等人（2004）根据图画故事书中心理状态术语的编码方式对书中出现的词语进行编码，具体编码如下：情绪状态术语（高兴、悲伤等）；认知状态术语（猜想、认为等）；愿望状态术语（想要，希望等）；道德评价术语（应该、必须等）；认知情绪术语（惊喜、目光环视等）和个性特质术语（勇敢、善良等）。

（三）频数统计

依次翻阅每一本儿童图画故事书，对书中的每一句话中所包含的心理状态术语进行记录和统计，如有重复出现的词语，在同一本书中仅记作一次，如在书中，“它很高兴”这句话出现三次，对于“高兴”这个心理状态术语我们只记作一次。对各个类别的心理状态术语进行频数统计，以此来比较各个类别的心理状态术语在儿童图画故事书中的使用情况，分析哪一种心理状态术语出现的次数最多。

在编码时，不仅是统计故事中出现的心理状态术语，而是按照心理状态术语所在的上下文作为参考，判断句子中的词语表达的是否是我们所需要的心理状态术语，才可以算作是在儿童图画故事书中使用了心理状态术语。

例如：所以在《鳄鱼怕怕牙医怕怕》这本书中有一句“我真的不想看到他，但是我非看不可”。其中如果仅仅把道德评价术语分类中所列举的词语来做统计的话，这句话的后半句“但是我非看不可”就可以记作没有。但是根据上下文语境，“非看不可”表示的就是“必须要看（牙医）”，也就是参考的编码系统中所列举的“Must”。所以在统计的过程中，这个“非看不可”就算是一个心理状态术语。

（四）跨文化比较

将统计出来的心理状态术语的使用情况与 Dyer 等（2004）研究中美、日两国儿童图画故事书中的心理状态术语使用情况数据进行比较。通过比较心理状态术语频数占书本内容总体的比例、每种心理状态术语类型出现的频率等指标反映儿童图画故事书中的使用现状。

三、研究结果

（一）汉语图画故事书的心理状态术语研究结果

1. 汉语图画故事书的心理状态术语频数统计

本研究对汉语图画故事书中心理状态术语的出现次数进行频数统计，

见表 7–1。

表 7–1　汉语图画故事书的心理状态术语出现频数

编码方式	描述	出现频数	举例
情绪状态术语	表示情绪的词语，如高兴、伤心等	101	他感到郁闷，孤独
认知状态术语	表示信念的词语，如猜想、忘记等	31	猜猜我有多爱你
愿望状态术语	表示需要愿望的词语，如希望、想要等	48	他很想要离家出走
道德评价术语	表示有义务的词语，如不得不，必须等	27	我应该高兴才是
认知情绪术语	表示带有情绪的认知词语，如惊喜等	32	在他看来，这是一个惊喜
个性特征术语	表示已有的个性特点的词语，如勇敢、善良等	17	你真勇敢

根据表 7–1 中所显示的心理状态术语的频数统计来看，汉语图画故事书中心理状态术语较丰富，情绪状态术语使用得最频繁，其次是愿望状态术语和认知状态术语。

2. 汉语图画故事书心理状态术语所占比例

本研究对汉语图画故事书中出现的每个心理状态术语分别进行频数统计和排序。由表 7–2 可知，在汉语图画故事书中，心理状态术语的使用较为频繁。在调查的 40 本书中，统计了出现频率最高的 10 个词。分别是“想”“喜欢”“爱”“觉得”“高兴”“害怕”等。

表 7–2　汉语图画故事书的心理状态术语所占比例

心理状态术语	想	喜欢	爱	觉得	高兴	一定	生气	害怕	笑	伤心
出现频数	32	12	11	10	9	8	6	5	5	4
所占比例	12.5%	4.7%	4.3%	3.9%	3.5%	3.1%	2.3%	2.0%	2.0%	1.6%

（二）汉语图画故事书的心理状态术语跨文化比较

1. 不同国家儿童图画故事书的心理状态术语编码比较

本研究沿用 Dyer 等人（2004）对儿童图画故事书中心理状态术语的编码方式，对于儿童图画故事书中出现的心理状态术语进行编码和分类，具体的编码方式如表 7–3。

表 7–3 儿童图画书中心理状态术语的编码分类

分类	描述	美国	日本	中国	举例
认知状态术语	表示情绪的词语，如高兴、伤心等	angry fear feel happy kind	okoru osoruosoru kowagowa kibun kimochi shiawase ureshii, mutsumajii shinsetsu yasashii	生气 害怕 感受 快乐 友好	他感到郁闷，孤独
认知状态术语	表示信念的词语，如猜想、忘记等	dream forget guess of course understand	yume wasureru rashii ateru mochiron atarimae wakaru	梦想 忘记 猜测 当然 知道	猜猜我有多爱你
愿望状态术语	表示需要愿望的词语，如希望、想要等	hope need want wish	negau iru hosii nozomu datoiina	希望 需要 想要	他很想要离家出走
道德状态术语	表示有义务的词语，如不得不，必须等	bad have to must （be，do）	warui subeki nohazu shinakuteha	不好 不得 不 必须	我应该高兴才是
认知情绪术语	表示带有情绪的认知词语，如惊喜等	sueprise	bikkuri odoroku tamageru	惊喜	在他看来，这是一个惊喜
个性特质术语	表示已有的个性特点的词语，如勇敢、善良等	brave funny	isamashii okashii	勇敢 有趣	你真勇敢

注：美、日数据引用 Dyer 等（2004）研究中数据，下同。

2. 不同国家儿童图画故事书的心理状态术语出现频数比较

从表 7–4 可以发现在所调查的儿童读物中，心理状态术语的使用都较广泛和频繁。为了调查中、美、日在图画心理状态术语上差异是否显著，我们对此研究结果进行卡方检验，发现 χ^2（10，N=424）= 19.639，

$p=0.033 < 0.05$，说明三者儿童图画故事书中心理状态术语的使用存在显著差异。美、日儿童图画书心理状态术语上不存在差异，但中国儿童图画书中心理状态术语运用频数显著低于美、日两国儿童故事图画书中的心理状态术语运用频数。

表 7–4 儿童图画故事书的心理状态术语出现频数情况

编码分类	美国	日本	中国
1. 情绪状态术语	35	39	31
2. 认知状态术语	37	39	23
3. 愿望状态术语	29	30	26
4. 道德评价术语	28	21	15
5. 认知情绪术语	3	23	8
6. 个性特质术语	12	18	7

从图 7–1 中可以明确看出 6 类心理状态术语在美、日、中儿童图画故事书中的分布情况。三个国家的故事图画书中分布最广泛的是情绪状态术语，美、日两国的认知状态术语使用得比较频繁，而中国儿童故事图画书中认知状态术语的运用显著低于其他两国。

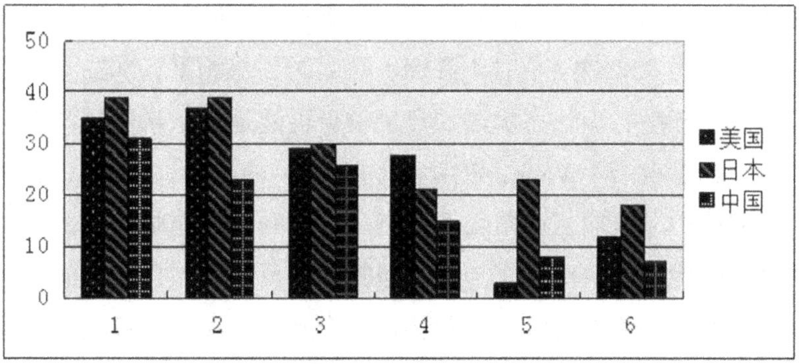

图 7–1 儿童图画书中心理状态术语的分布情况

四、分析与讨论

（一）汉语图画故事书的心理状态术语使用现状

本研究在对中国儿童图画故事书中包含的心理状态术语进行统计后发现，心理状态术语在书中出现的次数较多。对此，我们依次比较了每类心理状态术语出现的次数。我们从抽样的40本书中统计出256个心理状态术语，其中情绪状态术语占心理状态术语总数的39.45%，认知状态术语占总数的12.11%，愿望术语占总数的18.75%，道德评价术语占总数的10.55%，认知情绪术语和个性特质术语分别占总数的12.5%和6.64%。由此可见，情绪状态术语在汉语图画故事书中出现的次数较多，这与以往的研究结果一致（侯佳，2015）。统计结果发现，在情绪术语中“爱”“高兴”“害怕””“伤心”“笑”“生气”等词语出现的次数最多，愿望状态术语中“想”“喜欢”出现的次数最多，认知术语中“觉得”出现的次数较多。有的书中描绘的故事内容对心理状态术语有较多的应用。比如“卡梅利多很伤心，他知道，他永远也不会有小弟弟了。”仅仅这一句话，就出现了“伤心”和“知道”两个心理状态术语。可见，汉语图画故事书中，心理状态术语所占的比例相对较高。但以往的研究发现，汉语儿童产生的心理状态术语较少。在叙述话语中，汉语儿童产生的认知术语的数量较少，且使用种类较少（张长英等，2012）。在假装游戏中，汉语儿童使用心理状态术语的频数为2.60次/小时，而澳大利亚儿童在假装游戏中使用心理状态术语的平均频数为7.80次/小时（桑标、马丽雳、邓赐平，2003）。也有研究发现，儿童产生心理状态术语的数量较少可能是由于亲子日常沟通中较少使用心理状态术语（Wang，2001；Wang、Leichtman、Davies，2000）。但在亲子阅读中，虽然目前市场上流行的、各种专家老师推荐的读物以国外翻译过来的优秀故事图画书为主，但翻译人员在将国外优秀的儿童读物汉化的过程中，将特有的汉语文化特征糅合其中，在一定程度上反映了汉语儿童读物中心理状态术语的运用特征。从本研究结果发现，汉语儿童读物中含有心理状态术语的数量并不少，若能经常亲子共读，会促进儿童心理状态术语的使用及心理理论的发展。

（二）汉语幼儿图画故事书的心理状态术语跨文化比较

研究发现，美、日两国儿童图画故事书中心理状态术语的使用情况不存在显著差异，但汉语儿童图画故事书中心理状态术语的使用频数和美、日两国间存在显著差异。语言是社会文化的产物，不同语言受到不同文化的影响。心理状态术语作为信息传递的工具在社会文化演变过程中对心理理论发展产生影响。在生活、学习和工作中，无论是自我独处还是人际互动，都会产生大量的心理状态活动，尤其与他人交往的过程中，心理状态术语的使用会影响到个人内在心理状态的外显表达。通过不同文化书籍的学习，为这种心理状态术语的表达提供了较好的信息载体。我们通过学习不仅能考虑到不同文化在表达心理状态术语的不同，更能结合不同的上下语境正确看待心理状态术语的使用情况。

Montgomery（2005）进一步指出心理状态术语学习和应用是嵌入在实际社会背景不断变化的真实生活对话中的。但 Tardif 和 Wellman（2000）研究发现，西方成人更加关注信念心理学，而中国成人更加关注目的、意图和行为。当儿童开始思考时，这种文化价值观就折射在儿童身上。而日本儿童的日常对话中经常出现一些心理状态术语，在错误信念任务成绩上也显著高于其他国家（Tomasello et al.，2009）。

五、研究结论

1. 国内汉语儿童图画故事书中心理状态术语出现的频数相对较多；

2. 儿童图画书的心理状态术语中情绪状态术语出现的次数最多，其次分别为认知状态术语和愿望状态术语。

3. 中国儿童汉语图画故事书心理状态术语使用频数显著低于美、日两国儿童图画故事书心理状态术语使用频数，尤其认知状态术语使用更低。

第二节　心理状态术语输入对儿童经典错误信念理解的影响

尽管目前有各种各样的干预研究训练儿童通过了错误信念任务（Appelton、Reddy，1996；Clements、Rustin、McCallum，2000；Hale、Tager-Flusberg，2003；Slaughter、Gopnik，1996；Swettenham，1996），但

是以往的大部分干预研究关注的是儿童错误信念任务的概念性理解，并没有从训练条件中将心理状态术语作为一个单独变量分离出来，仅仅在其他训练条件中涉及一个或更多的心理状态术语。

一、问题提出

尽管目前有各种各样的干预研究训练儿童通过了错误信念任务（Appelton、Reddy，1996；Clements、Rustin、McCallum，2000；Hale、Tager-Flusberg，2003；Slaughter、Gopnik，1996；Swettenham，1996），但是以往的大部分干预研究关注的是儿童错误信念任务的概念性理解，并没有从训练条件中将心理状态术语作为一个单独变量分离出来，仅仅在其他训练条件中涉及一个或更多的心理状态术语。其中，比较典型的研究有Hale和Tager-Flusberg（2003）、Lohmann和Tomasello（2003）所做的研究。Hale和Tager-Flusberg（2003）选择72个3—5岁美国儿童为被试，将被试随机分到错误信念组（给儿童讲错误信念任务，但不涉及任何心理状态术语）、补语语法组（含有心理状态术语或交流动词）和关系从句组等三个训练组中。研究结果表明，训练特定语法结构（有些句子包含心理状态术语，有些句子不包含心理状态术语）和训练错误信念一样促进了错误信念任务成绩的提高，但错误信念的训练并没有导致补语句法理解的提高。Lohmann和Tomasello（2003）以德国儿童为被试，对在标准错误信念测验中失败的3岁儿童（选取语言能力达到常模水平但未通过意外内容任务的3岁组儿童）进行各种不同类型的训练。将被试随机分为四组：完全训练组（带有心理状态动词或交流动词的补语句法及欺骗训练）、情境交际组（伴随语言情境交际训练和欺骗训练）、补语句法组（心理状态动词或交流动词和补语句法训练）和不包括语言的欺骗训练组。研究结果表明，语言在儿童心理理论发展中扮演着重要的角色，尤其在有关视角转换的对话和补语句法作为表征的语言格式，心理状态术语不一定是促进3岁儿童错误信念理解发展的必要条件。但有些学者的研究得出了不一致的结论，张丽锦、吴南和郑砚（2008）选取语言能力达到常模水平但未通过外表－事实区分任务的 77 名 4 岁汉语儿童为被试，采用类似 Lohmann 和 Tomasello 的干预研究范式。研究结果表明，相对于一般语言交流的情境过程，补语句法和心理状态术语更能显著提高儿童错误信念理解的成绩。

还有一些以心理状态术语为明确干预目标的研究得出了不一致的结论。Naigles（2000）让儿童观看十段电视节目《Barney 和他的朋友们》，大家认为这个节目是包含心理状态术语数量最多的电视节目，例如“想”（63 次），“知道”（106 次）和“猜”（22 次）。结果有趣的是，观看这些节目的儿童对“想”“知道”和“猜”三个心理状态术语确信程度的区分比没有看这些节目的儿童表现得更差。研究者将这一点归结于观看电视节目的儿童由于经常使用“想”和“猜”，加强了与“知道”一词的相似程度，而不是区分它们之间的差异。当然，这个研究仅是考察了暴露于大量的心理状态术语环境下是否增强了儿童对三个心理状态术语确信程度的理解，而没有考察对错误信念理解的影响。

Peskin 和 Astington（2004）让 4 岁儿童“浸泡”在含有外显的大量心理状态术语的故事书中，在 4 周的训练里，儿童无论在家中还是学校里都听到含有大量的心理状态术语的故事，而控制组听同样内容的故事书，但故事内容中不含有心理状态术语，只要求儿童从不同的视角思考问题。研究结果表明，尽管训练组的儿童在讲故事中产生心理状态术语的数量显著高于控制组，但他们在心理状态术语理解任务和错误信念任务上的表现并不显著，甚至控制组在一系列错误信念任务的解释问题上的表现还要优于训练组。研究者指出这种研究结果可能得到这样一种结论：要想提高儿童的错误信念理解能力，与其让儿童听含有大量的心理状态术语的故事，倒不如让儿童从一些内隐指向心理状态的图片和文字中积极主动地建构自己的元认知解释。这种研究结果也说明儿童仅仅被动地听含有心理状态术语的故事并不能充分地提高他们对心理状态术语的理解或促进他们错误信念理解的发展。看来，这项研究也没有将外显的心理状态术语在儿童的错误信念理解中推到一个优先的位置。但这项研究也存在明显的缺陷，它的控制组实际上也是经过实验处理的干预组（因为控制组的故事材料中含有大量的内隐指向心理状态的图片和文字），因此在研究设计中缺少一组没有经过任何处理的控制组。这样得出的结论就无法说明到底是自然成熟的因素还是干预设计的因素造成的结果。

有些研究者持有相反的观点，他们认为说明了心理状态术语的输入可以导致错误信念理解能力的提高。Ornaghi、Brockmeier 和 Gavazzi（2011）研究中并不是让儿童被动地听含有心理状态术语的故事，而是突出心理状态术语的积极运用。70 个 3—4 岁儿童参加了研究，随机将被试分为实验组和控制组。实验组的儿童每次都听富有心理状态术语的故事，接着让他们对故事中的心理状态术语目标词进行运用。研究者操纵的目标词主要有 8 个心理状态术语，包括害怕、生气、要、记得、知道、想、相信和决定等。而控制组听同样的故事，但听完之后，并没有运用这些词。研究结果表明，实验组的 3 岁儿童在心理状态术语理解和情绪理解上显著好于同龄的控制组儿童；实验组的 4 岁儿童在心理状态术语理解和错误信念理解上显著好于同龄的干预组儿童。但这个研究仍然缺乏一组没有经过任何处理的控制组，也没有考察干预效果的持续效应。Gola（2012）也考察了心理状态术语的输入（如“想”“知道”和“记得”）对儿童错误信念理解发展的影响。72 个 3—4.8 岁的儿童在两周内四个时间点上从视频上听到 128 个含有心理状态术语的话语。训练条件仅仅是呈现心理状态术语的方式不同，其中对心理状态术语的方式操纵了三个变量：语句形式（陈述句或疑问句）、指称对象（第一人称或其他人称）和互动风格（无意中听到或交互式的）。采用组间设计，将儿童随机分配到其中的一种条件中。研究结果表明，无意中听到别人谈论心理状态话语的儿童，不管听到的语句形式是疑问句还是陈述句，都显著地提高了错误信念理解能力。研究者指出，这是由于关于他人的含有心理状态术语的言语，即使不是直接指向儿童自身，也为儿童关注不同视角提供了脚手架，因此更有效地促进了错误信念理解的发展。Tompkins（2015）对 73 名低收入家庭儿童错误信念理解进行干预研究，采用一个实验组，两个对照组。实验组中给儿童讲完故事后，接着讨论故事书主人公的错误信念和情绪；一个对照组中的儿童听同样内容的故事书，但并不纳入讨论；另一个对照组中的儿童不听故事，更不讨论。在前测、后测及两个月后的延迟后测中，儿童的错误信念理解能力、情绪理解能力和社会能力均被评估，研究结果发现，在两次后测中，实验组儿童的错误信念理解能力均高于两个控制组儿童，但在情绪理解能力和社会能力上并不存在差异。

这些研究都强调含有心理状态术语的谈话对错误信念理解的影响。实际上，大多数相关研究已调查了在与父母、兄弟姐妹、同伴的自然谈话中的心理状态术语使用和心理理论发展之间的关系（Hughes、Lecce、Wilson，2007；LaBounty et al.，2008；Symons，2004）。所有这些研究都支持了对话假说（Hutto，2007；Siegal，1999，2008），即主张对话促进了心理理论发展。维特根斯坦思维指出人们是在做语言的游戏活动中通过语言的用法来知道语言的意义的。因为人们从谈话或别的语言游戏中可以提取词和句子的意思（Levy、Nelson，1994；Montgomery，2005；Nelson，2007）。按照这个假设，一些研究者调查了对话交互作用和参与谈话对儿童错误信念理解的影响（De Rosnay、Hughes，2006；Ensor、Hughes，2008；Peterson、Siegal，2000；Turnbull、Carpendale、Racine，2009）。还有些研究者用训练方法表明，参与别人内部状态的谈话的儿童，相对于没有控制组，错误信念任务理解能力得到提高（Appleton、Reddy，1996；Guajardo、Watson，1996；Lohmann、Tomasello，2003；Ornaghi、Gavazzi，2008；Tenenbaum et al.，2008；Veneziano et al.，2008）。

结合以上研究，本研究突出语言的积极运用。假设对话中这种心理状态术语的积极使用促进了儿童错误信念的理解。另外，也考虑到一些研究表明，听故事适当地促进了儿童的词汇量增长（Ehri，1994；Beck、McKeown，2002）。那么，儿童听富有心理状态术语的故事是否可以促进对心理状态术语和错误信念任务的理解？由于以往的大多数研究缺乏一组没有经过任何处理的控制组，也很少考虑干预的后续效应，所以在本研究中，设立了一个控制组，并在干预后一个月进行了第二次后测。

二、目的与假设

目前，有关心理状态术语训练是否能促进儿童错误信念理解还没有一致的结论。本研究以心理状态术语为干预目标，考察让儿童暴露于丰富的心理状态术语环境中是否会促使他们更好地理解这些词汇，并能否提高其对经典错误信念的理解。

本研究假设：第一，倾听富含心理状态术语的故事并积极运用能促进儿童错误信念理解和心理状态术语理解的提高；第二，仅仅倾听富含心理状态术语的故事并不能显著促进儿童错误信念的理解。

三、研究方法

（一）被试

由于考虑到5岁儿童已能较好地完成错误信念任务，因此从江苏省常州市某普通幼儿园随机选取114名3.6—4.6岁被试，排除已通过错误信念任务（4分以上）的12名儿童（其中2名3岁组被试，10名4岁组被试），并排除干预中由于生病等原因参与干预次数较少的8名被试（其中5名3岁组被试，3名4岁组被试），删除没有完成后测的7名被试（其中4名3岁组被试，3名4岁组被试），最终符合要求（之前从未参加过错误信念任务测试，语言能力达到了常规且错误信念分数低于4分）的被试87人，年龄在48—56个月，平均年龄约51.48个月，标准差为2.28。根据老师报告和儿童资料，被试没有任何心理和行为问题或语言障碍，均说普通话。将这些被试随机分为四组，样本分布情况见表7–5。

表7–5　被试样本信息

分组		3岁			4岁		
	N（男）	*n*（男）	*M*	*SD*	*n*（男）	*M*	*SD*
既听又用组	28（12）	7（5）	45.29	1.38	21（7）	51.76	2.55
只听不用（有）	23（11）	8（4）	45.38	1.06	15（7）	51.60	2.38
只听不用（无）	20（10）	7（3）	45.43	1.81	13（7）	51.23	2.24
控制组	16（7）	7（2）	45.57	1.51	9（5）	51.00	1.66

（二）实验设计

采用前后测对比组准实验设计，旨在突出不同形式的语言干预在儿童完成错误信念任务中的作用。被试共分为 4 个组，其中一组为不进行任何干预的对照组，其他 3 组为干预组。干预进行 4 周时间，3 岁组和 4 岁组儿童分别干预，每组 3 ～ 4 人，每次 15 ～ 20 分钟，干预组采用同样的干预材料——同样内容的 10 个故事，但干预程序不一样：（1）第一组：心理状态术语既听又用组［以下简称既听又用（有）组］。每次讲故事，特别强调内容中大量的心理状态术语（如认为、觉得、决定等），讲完后接着让儿童运用心理状态术语。（2）第二组：心理状态术语只听不用组［只听不用（有）］。听同样的故事，讲述者也特别强调大量的心理状态术语，但听完之后，让儿童自由玩耍，给他们提供一些积木等玩具，尽量减少他们之间的言语交流。（3）没有心理状态术语的故事组［只听不用（无）］。讲同样的故事，但内容中没有涉及心理状态术语，听完之后，让儿童自由玩耍，给他们提供一些积木等玩具，尽量减少他们之间的言语交流。

（三）实验材料

1. 语言能力测试材料

采用皮博迪图画 – 词汇测试中文修订版（PPVT–R）（桑标、缪小春，1990）进行测试。该测验的分半信度是 0.990，再测信度是 0.938；与瑞文测验相比，准则关联效度是 0.472（$p < 0.01$），说明该测验具有较高的信度和效度。测验方法是给被试看 4 个图片，同时给被试读一个词，要求被试从 4 个图片中选择与所读词汇相符的图片。每答对一次计 1 分。测验中如果被试在 8 次测验中有 6 次连续错误，就停止测试。计算被试所有回答正确的次数，使用正确回答的原始分数进行统计。

2. 经典错误信念任务材料

错误信念任务包括意外地点任务、意外内容任务和外表 – 事实区分任务各一个，得分范围为 0 ～ 6 分。三次意外地点任务均采用 flash 形式呈现材料，其他任务采用道具演示的方法。后测和第二次后测材料故事框架不变，材料稍微变化。

（1）意外地点任务

采用 Wimmer 和 Perner（1983）的经典研究范式。主试让被试观看 flash 了解故事情节（第二次测试时采用结构相同，但故事人物、被转移物体和转移地点不同的故事）：懒羊羊在房间里玩小车。一会儿，美羊羊叫懒羊羊出去玩，他把小车放在玩具箱里，自己就出去玩了。当懒羊羊不在家时，喜羊羊来了，他把小车放到被子里就出去了。懒羊羊回来后，他又想玩小车。这时问被试如下问题：

“懒羊羊出去玩之前，将小车放在哪里了？”（记忆控制问题）

“小车现在在哪里？”（事实检测问题）

“懒羊羊回来后先到哪里去找小车？”（行为预测问题）

“懒羊羊觉得小车在哪里？”（想法预测问题）

前两个问题是考察儿童对故事的理解程度，若回答错误，再将故事讲一遍。直至三遍，若儿童还不理解，排除该被试。涉及错误信念理解的是后两个问题，均为 0/1 记分，此任务的最终得分为 0 ～ 2 分。

（2）意外内容任务

采用 Gopnik 和 Astington（1988）的经典研究范式。主试以道具演示的方式呈现测试内容（第二次采用的材料是装有铅笔的牙膏盒）：主试向被试出示薯片盒，然后问被试里面装的是什么。然后主试打开盒子，拿出来一个小型玩具车。把玩具车放回盒子，并盖上盒盖。主试提问：

“现在里面放的是什么？”（检测问题）

“在打开盒子之前，你觉得盒子里面放的是什么？”（表征转换问题）

“如果你们班上的 ×××（其熟悉的某个儿童）从来没有打开过这个盒子，我给他看这个盒子，他会觉得里面放的是什么？”（错误信念问题）

第一个问题是考察儿童对故事的理解程度，若回答错误，再将故事讲一遍。表征转换问题和错误信念问题均为 0/1 记分，此任务的最终得分为 0 ～ 2 分。

（3）外表－事实区分任务

采用 Gopnik 和 Astington（1988）的经典研究范式。以道具演示的方式呈现测验内容（第二次采用的材料是塑料制成的柠檬片）：主试与被试隔着桌子面对面而坐，让他们判断是什么。在被式辨认为“香蕉”之后，让他们用眼看，用手摸。主试指着它问：

“它实际上是什么？”（检测问题）

“在你没有摸之前，你觉得它是真的还是假的？”（表征转换问题）

“如果你们班上的 ×××（其熟悉的某个儿童）一进门看到它，还没有给他摸，他会觉得是真的还是假的？”（错误信念问题）

表征转换问题和错误信念问题均为 0/1 记分，此任务的最终得分为 0 ～ 2 分。前测、后测和第二次后测材料采用第五章跟踪研究中的三次测验材料，包括意外地点任务、意外内容任务、外表－事实区分任务各一个。

3. 心理状态术语的理解测试材料

采用 Pelletier 和 Astington（1998）的 3—7 岁元认知词汇测试任务（MVT）范式。MVT 任务分为两部分，每一部分包括 6 个短故事，共有 12 个。每个故事结束后都会问被试一个问题。这个问题是让被试在两个心理状态术语中选择一个能最佳表达故事主人公当时的心理状态。在本研究中，我们采用 MVT 任务范式（如下例），并对 MVT 任务第一部分进行了修订，主要包括知道、猜、记得、理解、认为、相信、想、决定、明白、忘记、觉得等心理状态术语。被试的反应得分以回答的正确数目计算，得分范围 0 ～ 6 分。其中一个故事如下：

懒羊羊从饭橱里拿了一袋糖，这袋糖有红色的、绿色的和黄色的。懒羊羊对美羊羊说：“闭上你的眼睛，我会给你一个，不要偷看。”美羊羊闭上了眼睛，没有偷看。懒羊羊从袋子里拿出来一个，美羊羊没有偷看，懒羊羊对美羊羊说：“它是什么颜色？”美羊羊说：“它是黄色的。”现在仔细听，美羊羊没有看到糖，美羊羊是真的知道糖是黄色的还是猜的？

（四）程序

本实验历时近两个月，第 1 周进行前测，第 2—3 周进行干预训练，第 5 周进行后测。过一个月后，进行第二次后测。

1. 第一阶段：前测

以皮博迪图画 – 词汇测试中文修订版筛选语言能力达到常模水平的被试，然后进行错误信念任务（意外地点任务、意外内容任务和外表 – 事实区分任务）的前测以选取符合要求的被试。

2. 第二阶段：干预训练

干预过程中，将被试分成三个干预组，一个参照组。

整个训练由三名主试采取小组干预方式进行，3 岁组和 4 岁组分别训练，每组包括 3 ～ 4 名性别混合的被试。对所有被试训练共历时两周，每组被试星期一到星期五这五天内，每天各训练 1 次，每次 15 ～ 20 分钟。为防止由于主试的不同干预风格造成的差异，三名主试分别轮流承担了每个干预组的训练，并事先进行了严格培训。

三个干预组听同样内容的图画书，图画书精选自《青蛙佛洛格的故事系列》和《暖暖心系列》的部分图画书。在故事内容和语言格式不变的情况下，将故事书分为两套，一套故事内容中增加了大量的心理状态术语，另一套故事内容中几乎不含有任何心理状态术语。改编后，让三位儿童家长和两位幼儿园老师通读一篇，使内容的改变显得不太唐突。然后，将故事讲给其他幼儿园的儿童听进行小规模试测。试测发现，故事内容和长度均适合 3—4 岁儿童，儿童理解内容没有任何困难，且能引起儿童的极大兴趣。

第一组，心理状态术语既听又用组。在这组中，给被试讲述一个包含大量心理状态术语的故事，故事陈述过程中，重读心理状态动词。听完之后，主试重复故事中出现目标词的句子，然后训练被试运用该目标词（训练片段见附录 4），训练的主要目标词有知道、猜、记得、理解、觉得、认为、相信、想、决定、明白等。每次训练一个目标词，让被试参与到相互的对话交流中。主试先说："刚才你听到了用'想'这个词的句子，现在我们一块儿来玩这个词，记住，别忘了你说的话中要用‘想’这个词”。在整个干预过程中，主试尽可能地鼓励被试每句话中使用该目标词，且强调被试之间的互动交流。干预时间持续 10 ～ 15 分钟，每个被试至少在这个活动中说五句以上含有该目标词的句子。训练结束后，研究者让每个被试挑选一枚贴画以示鼓励。在整个训练过程中，采用录音记录和现场记录相结合的方式，记录被试的讲述内容，实验后将录音转成文本。

第二组：心理状态术语只听不用组。给被试讲述含有大量心理状态内容的故事，讲述过程中重读心理状态术语，但被试听完故事后，给被试提供一些积木玩具，让他们自由玩耍，并尽量减少他们之间的言语交流，保持和第一组的结束时间一致。结束后，同样让每个被试挑选一枚贴画以示鼓励。

第三组：没有心理状态术语的故事组。给被试讲述不含有心理状态术语的故事，讲完之后，同样给被试提供一些积木玩具，让他们自由玩耍，并尽量减少他们之间的言语交流。保持和第一组、第二组的结束时间一致。结束后，同样让每个被试挑选一枚贴画以示鼓励。

第四组：控制组。这组被试不进行任何干预。

3. 第三阶段：后测

四组被试的错误信念后测任务与前测内容相当，只是材料发生了变化。还包括心理状态术语理解测试。

4. 第四阶段：第二次后测

错误信念第二次后测任务与前测内容相当，只是材料发生了变化。

总干预程序的流程图见图 7–2。

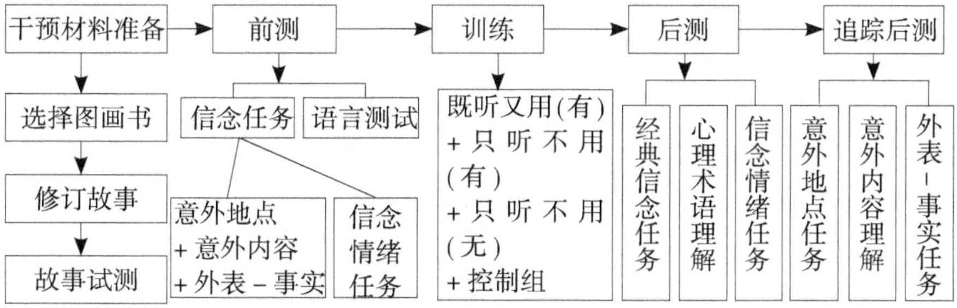

图 7–2　干预实验的总程序流程图

四、研究结果

（一）前测中儿童各任务的表现

干预训练前，对四组被试的年龄（月）、语言能力和错误信念理解能力进行检验，以保证各组的这些指标处于同一基线水平。方差分析结果显示，四组被试在年龄、错误信念各任务及总成绩上无显著差异，语言能力亦无显著差异。

（二）后测中儿童经典错误信念成绩与心理状态术语理解的比较结果

1. 前后测中儿童经典错误信念成绩的发展变化

为考察干预训练前后各组错误信念任务的发展比较情况，对四组被试在前后测中错误信念总分和各分任务上的成绩增益值进行统计（见表 7–6 和表 7–7）。

表 7–6　前测各变量的描述性统计

任务		年龄组							
		3 岁组				4 岁组			
		1	2	3	4	1	2	3	4
年龄（月）	*M*	45.29	45.38	45.43	45.57	51.76	51.60	51.23	51.00
	SD	1.38	1.06	1.82	1.51	2.55	2.38	2.24	1.66
语言能力	*M*	46.14	51.50	48.43	45.57	59.00	58.73	65.23	57.89
	SD	12.27	9.97	8.70	10.28	17.63	14.77	14.04	17.99
意外地点任务	*M*	0.29	0.25	0.14	0.00	0.57	0.67	0.46	0.44
	SD	0.49	0.46	0.38	0.00	0.68	0.62	0.52	0.53
意外内容任务	*M*	0.29	0.13	0.14	0.43	0.57	0.67	0.69	0.56
	SD	0.36	0.35	0.38	0.79	0.68	0.72	0.75	0.73
外表 – 事实区分任务	*M*	0.57	0.75	0.43	0.71	0.90	1.07	0.92	0.89
	SD	0.53	0.71	0.53	0.49	0.30	0.59	0.49	0.60
错误信念总分	*M*	1.00	1.13	0.71	1.14	2.05	2.40	2.08	1.89
	SD	1.15	0.83	0.95	1.07	1.28	1.24	0.95	1.05

注：“1”表示既听又用（有）组；“2”表示只听不用（有）组；“3”表示只听不用（无）组；“4”表示控制组。以下同。

表 7–7 后测中儿童各变量的平均数及标准差

任务		年龄组							
		3 岁组				4 岁组			
		1	2	3	4	1	2	3	4
意外地点任务	*M*	0.71	0.38	0.43	0.43	1.57	1.13	1.08	1.11
	SD	0.49	0.52	0.79	0.53	0.51	0.74	0.49	0.33
意外内容任务	*M*	0.86	0.13	0.43	0.14	1.52	1.33	1.31	0.78
	SD	0.89	0.35	0.79	0.38	0.60	0.82	0.75	0.44
外表 – 事实任务	*M*	0.43	0.38	0.43	0.43	1.43	1.20	0.92	0.78
	SD	0.53	0.74	0.79	0.79	0.68	0.94	0.76	0.67
错误信念总分	*M*	2.00	0.88	1.29	1.00	4.52	3.67	3.31	2.67
	SD	1.41	1.46	1.98	0.82	1.25	2.39	1.44	0.87
心理状态术语理解	*M*	2.28	2.00	2.14	2.14	3.43	2.60	2.38	2.33
	SD	0.49	0.76	1.07	0.74	0.93	0.83	0.77	0.87

为了了解不同干预方式的效果，以干预分组、年龄为组间变量，错误信念总成绩前后测的增益值为因变量，进行单变量方差分析显示：年龄的主效应非常显著，$F(1, 79)=12.86$，$p < 0.01$，且与干预分组交互作用不显著；干预后测错误信念总成绩各组差异显著，$F(3, 79)=4.09$，$p < 0.01$。Turkey 检验发现，既听又用（有）组与其他组之间均有十分显著的差异；其他组之间并不存在显著差异，而仅从均数看，只听不用（有）和只听不用（无）这两个训练组均高于控制组，只听不用（有）的均数显著高于机遇水平。

经过方差分析发现，被试年龄的主效应显著，且与干预组别这一变量没有交互效应，因此可以进一步分别对 3 岁和 4 岁被试的干预情况进行研究。以年龄为分组变量拆分数据，以干预分组为自变量，错误信念总成绩前后测的增益值为因变量，进行一元方差分析（ANOVA）可知：不同干预方式下，3 岁被试的错误信念理解总成绩前后测的增益值并不存在显著差异，而 4 岁被试错误信念理解总成绩前后测增益值在不同干预方式下存在显著差异，$F(3, 54)=3.30$，$p < 0.05$。多重检验后发现，既听又用（有）组与控制组存在显著差异（$p < 0.01$），与只听不用（有）和只听不用（无）两组均存有显著差异（$p < 0.05$）。

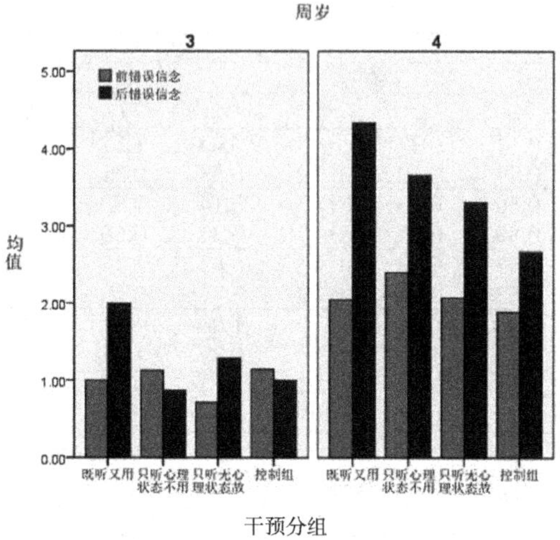

图 7–3　前后测不同干预分组错误信念总分

2. 后测中儿童心理状态术语理解成绩的比较结果

由于前测中条件有限，并没有考察心理状态术语理解能力，但前面统计中已发现四组被试在干预训练前一般语言能力、错误信念理解能力等变量上均无差异。因此，仅仅对四组被试后测中的心理状态术语理解能力进行比较也能说明一些问题。

为探明不同干预方式是否对儿童心理状态术语理解产生影响，以心理状态术语理解任务成绩作为因变量，年龄、干预方式为自变量，并考虑到儿童已有的语言能力可能会对心理状态术语理解造成影响，将前测中的一般语言能力作为协变量进行单变量方差分析（GLM）。研究结果发现：年龄的主效应边缘显著，$F(1, 78)=3.53$，$p=0.064$；干预方式的主效应显著，$F(3, 78)=2.87$，$p<0.05$；年龄和干预方式的交互效应不显著。事后检验（LSD）发现，既听又用（有）组与其他组间均差异显著（$p<0.05$），但其他组间差异不显著。对年龄分组检验发现，仅有 4 岁组在干预方式上差异显著，$F(3, 53)=6.95$，$p<0.001$。

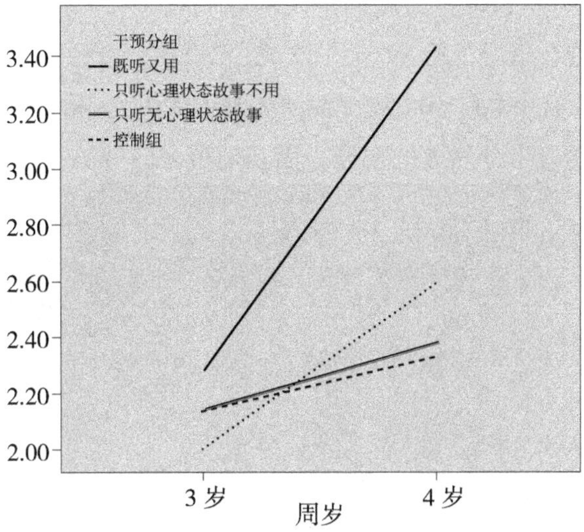

图 7-4　不同干预方式对儿童心理状态术语理解的影响

（三）前后测及二次后测被试错误信念任务的成绩比较

为进一步比较干预效果是否有持续效应，并了解不同干预方式在三个时间点上的发展变化，对四组被试错误信念总成绩的前、后测及追踪后测分数进行重复测量的方差分析。考虑到被试已有的语言能力可能会对错误信念总成绩造成影响，将其作为协变量进行重复测量方差分析，研究结果发现，测验时间的主效应显著，$F(2, 156)=3.81$，$p<0.05$；年龄的主效应显著，$F(1, 78)=27.52$，$p<0.001$；干预分组的主效应边缘显著，$F(3, 78)=2.66$，$p=0.056$；时间与干预分组的交互作用显著，$F(6, 156)=2.63$，$p<0.05$。

以年龄为拆分变量进一步检验发现，3 岁组被试在测量时间变量、干预组别变量的主效应均不显著。4 岁组被试在测量时间变量上差异显著，$F(2, 106)=4.53$，$p<0.05$；干预分组的主效应差异显著，$F(3, 53)=3.72$，$p<0.01$；干预分组与时间变量的交互效应显著，$F(6, 106)=3.02$，$p<0.01$。这表明时间因素的作用随着干预分组的不同而不同。进一步检验发现，既听又用（有）组效果最好，后测的错误信念成绩（4.52 ± 1.25）显著高于前

测（2.76 ± 2.08），和跟踪后测的错误信念成绩（4.57 ± 1.12）并没有显著差异。对组别进行事后检验（LSD）发现，在跟踪后测上，既听又用（有）组与只听不用（有）（$p < 0.05$）、只听不用（无）（$p < 0.05$）和控制组（$p < 0.01$）之间均有十分显著的差异；而其他组之间并不存在显著差异。

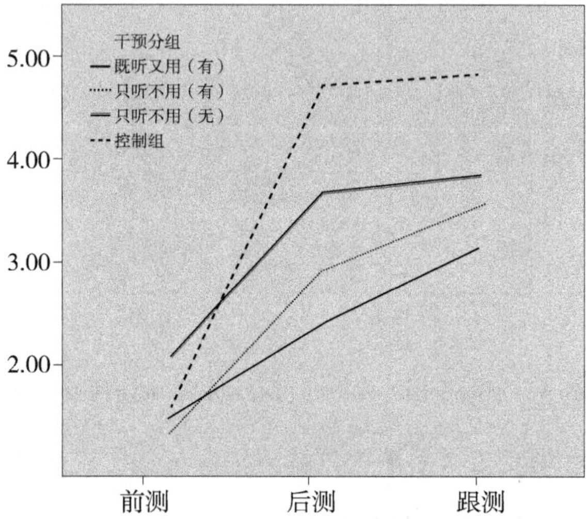

图 7–5　前后测及追踪不同干预分组的 4 岁被试错误信念成绩

五、分析与讨论

本研究通过比较三种干预方式，并与控制组比较，考察让儿童倾听含有丰富心理状态术语的故事，是否能促进 3—5 岁儿童错误信念的发展。

（一）不同干预方式对心理状态术语理解的影响

研究结果发现，既听又用的干预促进了儿童心理状态术语的理解，但仅仅被动地听并没有促进心理状态术语的理解，这与以往的研究结果相一致（Ornaghi、Brockmeier、Gavazzi，2011；Peskin、Astington，2004）。Nelson（2007）指出心理状态术语理解过程实际上是“共建模式”的过程，在这个过程中，儿童并不是被动的心理概念的接受器，而是在与他人的交流互动中逐渐掌握语义，但总体上，在本研究中儿童的心理状态理解能力还很差。Nelson 和 Kessler（2002）指出概念理解有三个水平，其中最高水平是意义（sense），即区分同一领域内的相关词语；下一级水平是符号，即概念知识的含义，但无需与其他相关概念联系。可见，本研究中的心理状态术语理解测试就是最高水平，可能低估了儿童对这类词语的符号理解。

但一些研究也表明被动地听故事也可适当地促进幼儿园儿童的词汇量增长（Beck、McKeown，2002；Ehri，1994）。这可用输入假设理论来解释，输入假设理论强调，儿童语言能力随着时间的推移，接触到大量的输入后，自然而然形成的，是一种潜移默化、水到渠成的过程。Krashen（1985）关于输入假说的另一个假设——“言犹在耳”（The Din in the Head Hypothesis）也为被动地听故事能掌握词汇提供了理论基础。这种假设提出通过接受可理解的语言输入来发展语言能力，外界的语言输入在儿童头脑中逐渐积累，形成潜意识，犹如“言犹在耳”的感觉，然后逐步唤醒大脑中潜在的语言信息。当积累到一定程度，儿童就可以开口“说”话了。因为只有最大频次、最多形式（例如听、读、写）地与词汇进行接触，才能理解和掌握该词汇，正如古人所说的“书读百遍，其义自现”。而大多数干预研究时间相对较短，儿童对单词被动的接触时间和频次还没有累积到其义自现的地步，有时对词语的理解似是而非，往往在运用时可能会张冠李戴。这也不难解释有些研究者发现那些观看含有丰富的表达确定性程度的认知术语（如想、知道、猜）电视节目的儿童比那些观看含有较少的认知术语电视节目的儿童心理状态术语理解能力更差（Naigles，2000）。

（二）不同干预方式对错误信念理解的影响

研究结果发现仅仅在听含有丰富的心理状术语的故事并对关键心理状态术语进行对话训练中，才可促进儿童错误信念理解的发展。而让儿童被动地去听含有丰富心理状态术语的故事并不能有效地促进儿童错误信念理解能力的发展。通过跟踪后测，这种训练效果产生了持续效应。这与Ornaghi、Brockmeier和Gavazzi（2011）的研究结果一致，也与Peskin和Astington（2004）的研究结论相呼应。儿童要表征和表达这些思想要通过语言符号进行编码和解码，通过语言的功能实现。这一功能实现只在对话、语用中才最有效（Nelson，2003，2007； Siegal，2008）。这个研究结果也和那些指出家庭成员谈话中经常涉及心理状态和情感可以有效地促进儿童更好地区分自己和他人心理状态的大批量研究相一致（Cutting、Dunn，1999；Dunn、Brophy，2005；Garner et al.，1997）。在处于多种观点视角的谈话环境中有助于儿童错误信念理解能力的发展（Harris，2005），心理状态术语又为谈话中涉及不同视角提供了极好的外显平台。下面是一个4岁儿童的干预片段，可以看出儿童怎样运用主试给的目标词将内部心理状态外显化，从而表达不同视角的。

主试：小朋友，刚才我们听到了一个有趣的故事，青蛙佛洛格知道自己今天心情不好。今天，我们一块儿来玩“知道”这个词，这个词让你们想到什么呢？

儿童A：我知道家里玩具很多。我还想让妈妈再给我买一个更好看的芭比娃娃。

儿童B：我也想让妈妈给我买一个遥控车。

主试：愿望很好，不过记得今天我们要用“知道”这个词，这个词让你想到什么呀？

儿童B：让我想到……我知道大耳朵图图喉咙里有鱼刺，我知道他喉咙里有个东西在不停地叫。

主试：说得很棒。其他小朋友接着说。

儿童C：我知道爸爸妈妈会带我去荆川公园吃棉花糖。

儿童D：我知道今天是妈妈来接我。

……

正是在这种语用中，儿童对心理状态动词的理解掌握加深，更熟悉经典误念任务的问题框架，儿童借此能准确推测自己和他人的心理状态，了解到多种观点视角，为错误信念任务的成功完成奠定了基础。因为错误信念任务的成功与否，与儿童是否站在故事中主人公的角度来回答问题有关。当然，含有心理状态术语的句子，既传达了动作执行者内心的感受和想法，同时也为听话者提供了清晰的理解框架（张丽锦、吴南、郑砚，2008）。

Taumoepeau 和 Ruffman（2008）也指出心理状态术语输入可作为儿童错误信念发展的最近发展区的脚手架，母亲在和儿童交流中先开始使用愿望词，儿童相应地发展了对愿望的理解，在这个基础上，母亲和儿童在谈话中进一步加入更抽象的认知术语（如想、知道），这让儿童们听到了第二、第三人称的观点视角（如你知道它在哪里吗？），从而进一步提高了错误信念理解能力。也许视角转换的语用比心理状态术语语义、语法本身更重要，Lu、Su 和 Wang（2008）研究的儿童在对话中强调他人也能促进错误信念理解间接说明了这一点，未来的研究可考察在没有心理状态术语的使用情况下的视角转换对话是否能促进儿童的心理状态理解。

与 Peskin 和 Astington（2004）的研究结论一样，我们研究也发现仅仅让儿童被动地听含有心理状态术语的故事和没有心理状态术语的故事两个组别在错误信念理解上并没有显著差异，心理状态术语本身似乎并不扮演一个重要的角色。这可能由于不管是本研究中的不含有心理状态术语的故事材料还是 Peskin 和 Astington（2004）研究中控制组的故事材料中都含有大量的内隐指向心理状态的文字，这也为儿童错误信念理解提供了一定的视角。不过，从本研究结果发现，虽然只听不用（有）组和只听不用（无）组在错误信念理解上并无显著差异，但含有心理状态术语的故事组仍然促使幼儿的错误信念理解能力从阈下到阈上的发展。这可能由于主试讲故事、测试的过程，实际上也是与儿童处于互动交流的过程。正是这种社会建构的交互作用期间对他人的特定回应决定了在错误信念理解发展中的重要作用（Carpendale、Lewis，2006）。

（三）年龄在错误信念理解和心理状态术语理解中的作用

本研究另一个发现是，干预研究仅对 4 岁儿童有效。无论是错误信念理解还是心理状态术语理解能力，任何一种干预方式都对 3 岁儿童无效。这与以往的一些以 3 岁儿童为干预对象的研究结果不一致（Appleton、Reddy，1996；Lohmann、Tomasello，2003；Slaughter、Gopnik，1996）。这些研究表明通过一定形式的干预促进了 3 岁儿童错误信念的发展。这种差异的原因可能有以下两方面：第一，通过干预能使 3 岁儿童通过错误信念理解发展的这些研究都是一对一干预，特别强调对儿童回答问题的言语反馈，而在本研究运用语言干预的过程中，并不特别强调主试的言语反馈，而是强调儿童运用心理状态术语表达心理状态，可能这种干预差异导致了 3 岁儿童没有通过错误信念理解任务。第二，也与被试样本有关。由于干预研究需要的时间较长，3 岁儿童刚入园，生病等原因使本研究流失了较多 3 岁被试，以致最后进行研究的 3 岁儿童样本太少，这些儿童可能根本就不具有错误信念理解的表征能力，而训练又仅仅对于那些有潜在内隐理解的儿童起作用（Clements、Rustin、McCallum，2000）。因此，种种原因造成了干预效果不佳。当然，到底多大的儿童能通过错误信念理解能力，一直是发展心理学家孜孜不倦试图要解决的问题。现在大多数研究者普遍认为 4 岁是错误信念成功完成所必需的元表征能力获得的关键阶段（Ornaghi、Brockmeier、Gavazzi，2011）。儿童到 4 岁左右时，获得了元表征的能力，即主体具有内在表征的能力，且能够理解表征原型和真实情境之间真实或虚假的语义关系，由此才能在需要心理表征理解的任务上获得成功（Perner，1988，1991）。而 3 岁儿童在错误信念任务上的失败可能由于他们缺乏对信念或错误信念等心理概念的理解或是缺乏心理表征及更广泛的表征（如图片表征）（Flavell，1988；Gopnik，1993；Gopnik、Wellman，1994； Perner，1991； Wellman，1990；Wellman、Cross、Watson，2001）。在相关研究中也发现，虽然真人版的经典意外地点任务范式促进了 3 岁儿童错误信念理解成绩的提高，但 3 岁儿童的错误信念理解成绩仍然低于机遇水平。以后的研究可采用非言语的错误信念范式，增加样本量，结合现代的研究手段，如眼动仪、ERP、FMRI 等生理仪器进一步探究这一问题。

六、研究结论

倾听含有丰富的心理状态术语的故事并对关键心理状态术语进行对话训练可促进 4 岁儿童错误信念理解能力和心理状态术语理解能力的发展。

仅仅倾听含有丰富心理状态术语的故事虽然对 4 岁儿童也有促进作用，但与控制组相比，效果并不显著。

第三节　心理状态术语输入对儿童基于信念 – 情绪的影响

前面干预研究发现，心理状态术语训练对儿童经典错误信念任务范式下的成绩产生了影响。在现实生活中，儿童不仅要对别人的错误信念进行识别并做出反应，且对他人相应的情绪也要进行识别，从而做出更好的人际互动。基于信念 – 情绪理解任务是在错误信念任务理解的基础上发展起来的更高级的心理理论能力，与以往一些研究一样（刘国雄、方富熹，2007；杨小冬、方格，2005；Bradmetz、Schneider，1999；Harris et al.，1989；Vinden，1999），前面跟踪研究结果也已表明，4 岁儿童才开始理解和信念有关的情绪。在情绪归因上，3 岁和 4 岁儿童在情绪归因中给出较多的无关理由，5 岁儿童表现出较多的信念归因。那么，通过心理状态术语训练，是否能促进 3—4 岁儿童基于信念 – 情绪理解能力的发展？能否促进 3—4 岁儿童情绪归因中表现出更多的信念归因呢？

本研究假设：第一，通过心理状态术语训练，既能促进 3—4 岁儿童基于信念 – 情绪理解能力的发展，也能促进儿童在情绪归因中表现出更多的信念归因；第二，通过心理状态术语训练，能促进儿童在归因解释中产生更多的心理状态术语。

一、研究方法

（一）被试

同本章第一节的研究，干预训练后，剩下 94 名被试。排除后测中由于生病、参加演出排练而没有参加基于信念 – 情绪任务的 7 名被试（3 名 3 岁被试，4 名 4 岁被试），最终被试人数 87 人。

表 7-8　参与研究的被试情况

分组	3 岁				4 岁		
	N（男）	*n*（男）	*M*	*SD*	*n*（男）	*M*	*SD*
既听又用组	24（9）	6（3）	45.00	1.26	18（6）	51.33	2.50
只听不用（有）	22（11）	7（4）	45.29	1.11	15（7）	51.60	2.38
只听不用（无）	22（10）	8（3）	45.50	1.69	14（7）	51.43	2.28
控制组	19（10）	9（4）	45.67	1.41	10（6）	51.40	2.01

（二）程序

干预程序均同本章第一节中的研究程序，只因幼儿园参加区优质幼儿园评比，以致于干预程序中缺少一次跟踪后测。

（三）材料及编码

实验材料与编码方式同跟踪研究。根据这个编码系统由两位评分者对所有被试反应分别进行编码，编码一致性为 94. 76%。

二、研究结果

（一）前测中儿童基于信念 - 情绪任务成绩的表现

1. 前测中儿童基于信念 - 情绪任务各指标的表现

干预训练前，对四组被试的前测成绩进行检验，以保证各组的各项指标处于同一基线水平。对四组被试的年龄（月）、语言能力进行方差分析结果显示，四组被试在年龄、一般语言能力无显著差异；对基于信念 - 情绪任务的各个指标（包括错误信念理解、情绪理解以及情绪归因中心理状态术语的使用数量）进行卡方检验发现并无显著差异，说明四组被试在干预训练前等组（见表 7-9）。

表 7-9　基于信念 – 情绪任务的前测通过率（%）

任务		干预分组			
		既听又用(有)	只听不用(有)	只听不用(无)	控制组
一般语言能力	*M*	54.45	54.05	59.80	52.38
	SD	15.88	18.65	17.14	16.62
信念理解	0	41.67	40.91	54.54	57.89
	1	37.50	45.45	31.82	31.58
	2	20.83	13.64	13.63	10.53
情绪理解	0	75.00	86.36	81.82	84.21
	1	25.00	13.64	18.18	15.79
心理状态术语	0	83.33	90.91	77.27	84.21
	1	12.50	4.55	13.64	15.79
	2	4.17	4.55	9.09	0.00

注：在信念理解、情绪理解任务上，0 表示没有通过一项任务，1 表示通过一项任务，2 表示通过了两项任务。在心理状态术语产生变量上，0、1、2 分别表示产生心理状态术语的个数。

2. 前测中儿童基于信念 – 情绪归因的表现

各干预组儿童的情绪归因结果见表 7-10。卡方检验显示，不同干预分组的儿童归因方式差异也不显著，说明他们在训练前情绪归因任务上处于同一基线水平。

表 7-10　前测中儿童基于信念 – 情绪归因类型（%）

类别	任务一				任务二			
	1	2	3	4	1	2	3	4
愿望归因	—	—	—	—	4.17	9.09	4.55	5.26
信念归因	4.17	4.55	9.09	5.26	8.33	4.55	9.09	10.53
情境定向	83.33	72.73	77.27	68.42	70.83	54.55	50.00	52.63
无关理由	12.50	22.73	13.64	26.32	16.67	36.36	27.27	31.58

（二）后测中儿童基于错误信念任务成绩的发展变化

1. 后测中儿童基于信念 – 情绪任务各指标的发展变化

干预后各组儿童基于信念 – 情绪任务各指标成绩见表 7-11。

表 7-11　后测基于信念 - 情绪任务的描述性统计

		干预分组			
		既听又用（有）	只听不用（有）	只听不用（无）	控制组
信念理解	0	25.00	31.82	45.45	57.89
	1	16.67	36.36	27.27	36.84
	2	58.33	31.82	27.27	5.26
情绪理解	0	37.50	72.73	68.18	78.95
	1	33.33	18.18	22.73	10.53
	2	29.17	9.09	9.09	10.53
心理状态术语产生	0	50.00	63.64	81.82	73.68
	1	20.83	31.82	18.18	26.32
	2 个及以上	29.17	4.55	0.00	0.00

为了防止频数小于 5 的单元格过多，除了信念理解任务单元格不合并，将其他任务上 1、2 的单元格合并后，进行卡方检验显示，除了在心理状态术语产生上不存在显著差异外，不同干预分组在信念理解上存在显著差异，$\chi^2(6)=17.65$，$p<0.01$；在情绪理解上也存在显著差异，$\chi^2(3)=9.94$，$p<0.05$。进一步检验发现，在信念理解问题上，既听又用（有）组与只听不用（有）、只听不用（无）及控制组差异均显著，检验结果分别为 $\chi^2(2)=8.34$, $p<0.05$；$\chi^2(2)=8.74$, $p<0.05$；$\chi^2(2)=10.43$, $p<0.01$；其他组之间差异不显著。在情绪理解上，既听又用（有）组与其他组差异显著，检验结果分别为 $\chi^2(1)=5.74$，$p<0.05$；$\chi^2(1)=4.33$，$p<0.05$；$\chi^2(1)=7.39$，$p<0.01$；其他组之间差异不显著。

2. 后测中儿童基于错误信念情绪归因的发展变化

干预后各年龄组儿童的情绪归因结果见表 7-12。为了防止频数小于 5 的单元格过多，将两个任务上愿望归因和信念归因的单元格合并，情境定向和无关理由类别的单元格合并后，进行卡方检验显示，不同干预组别在任务一和任务二上的归因方式均不显著。

表 7-12　后测中儿童基于信念 - 情绪归因类型（%）

类别	任务一				任务二			
	1	2	3	4	1	2	3	4
愿望归因	20.83	13.64	4.55	5.26	12.50	9.09	4.55	10.53
信念归因	20.83	4.55	13.64	5.26	25.00	22.73	9.09	15.79
情境定向	54.17	68.18	63.64	78.95	54.17	40.91	68.18	52.63
无关理由	4.17	13.64	18.18	10.53	8.33	27.27	18.18	21.05

三、分析与讨论

（一）不同干预方式对错误信念理解和基于信念 - 情绪理解的影响

本研究探讨了不同干预方式对儿童基于信念 - 情绪理解的关系。研究结果显示，通过干预促进了 4 岁左右儿童基于信念 - 情绪理解能力的发展。既听又用（有）的干预方式促进了错误信念理解能力，但只听心理状态术语故事并不能促进错误信念理解能力，这与前面的研究结论一致。

既听又用（有）的干预方式也促进了基于信念 - 情绪能力的理解。这与以往一些强调母亲心理状态语言输入对儿童基于信念 - 情绪归因起着重要的促进作用的研究结果相一致（Dunn et al.，1991；Meins et al.，1998；Rosnay et al.，2004）。Rosnay 等（2004）研究结果不仅指出母亲心理状态术语的言语输入是儿童发展错误信念理解和基于信念 - 情绪理解的重要信息来源，而且还表明这些语言的输入比儿童自身的语法理解更有助于儿童洞察信念与情绪之间的联系。儿童通过谈话和社会交流获得了他人观点的知识经验（如信念、想法、情感等），这些知识经验又促进了基于信念 - 情绪归因的能力，而交流中心理状态术语的使用又更好地使个体的内部心理状态外显化，从而更精确地为儿童提供了他人信念、情感的信息，促进了儿童基于信念 - 情绪能力的理解。实际上，3—5 岁儿童对基于信念 - 情绪任务的认知困难并不是对情绪本身的认知困难，而是在于对主人公是否持有某种错误信念的认知正确与否（李佳、苏彦捷，2004）。因此，既听又用（有）的干预方式若能促进错误信念理解能力的发展，相应地也能促进基于信念 - 情绪理解能力的发展。

（二）不同干预方式对心理状态术语产生及情绪归因类型的影响

本研究假设通过心理状态术语训练可使儿童在回答问题时，使用更多的心理状态术语，采用更多的信念归因。但研究结果发现，不同干预方式在心理状态术语产生和情绪归因类型上并没有显著差异。这与以往的研究结果不一致（Ornaghi、Brockmeier、Gavazzi，2011；Peskin、Astington，

2004）。这两项研究结果都表明干预后倾听大量心理状态术语的故事书造成了心理状态术语产生的提高。这可能是由以下两个原因造成的：一个原因是本干预研究样本量偏少，可能造成卡方检验效应不高。仅从百分数来看，发现有 29.17% 的既听又用（有）组的被试在情绪归因解释上使用一个及以上的心理状态术语，例如“因为大灰狼假扮的外婆，她觉得是外婆”“她不知道躺在床上的是大灰狼，她还以为是外婆”。也有较多的只听不用（有）组的被试在解释中使用心理状态术语，29.17% 的被试使用了一个心理状态术语，但有时会将故事主人公的信念与事实一致的情况下得出的错误结论，例如有的儿童说：“她觉得是大灰狼。”另外一个原因可能与测量心理状态术语的方式有关。Peskin 等（2004）和 Ornaghi 等（2011）的研究分别采用讲故事和回答 12 个与描述儿童日常生活词条有关的问题。他们的这种研究方式有助于诱发出更多的心理状态术语，而我们的研究主要从对情绪归因解释中统计心理状态术语的数量，从而可能造成了不同干预方式的组别之间没有显著差异。不过，也有可能如跟踪研究那样，汉语儿童在叙述中本来就使用较少的心理状态术语，更倾向于简单地从情境角度解释人们的情绪（刘国雄、方富熹，2007），这种地板效应造成了各个组别之间并不存在差异。当然，到底是什么原因导致了各个组别的心理状态术语数量并不存在差异，需要我们进一步深入研究。

研究还表明，不同组别在情绪归因类型方面并不存在显著差异，既听又用（有）组在信念归因类型上并没有表现出更多的优势。这与不同组别心理状态术语数量产生上并不存在差异的研究结果相一致。但仅从百分数来看，既听又用（有）组无论在任务一还是任务二上的愿望归因和信念归因都高于其他组。可见，心理状态术语训练对心理状态术语产生和情绪归因类型有一定的影响，尤其对于那些训练前就能正确地用外部情境归因的儿童通过训练可用心理状态术语表现出更多的信念归因和愿望归因。通过心理状态术语训练，使儿童们接触到大量的心理状态术语，这些心理状态术语是儿童自身对心理状态外显化的载体（Nielsen、Dissanayake，2000），也促使儿童关注以前忽略的或看不见的想法和信念（Gopnik、

Meltzoff，1997），从而从外部解释转换为关注主人公内部心理状态的信念或愿望解释。以后的研究会增加样本量和干预时间，进一步深入研究。

研究结果也发现，对于年龄小的被试，训练效果较差；而4岁以上的儿童训练效果较好，这可以用皮亚杰的自我中心理论来解释，儿童越小，自我中心倾向越严重。“在自我中心的言语中，儿童只谈论他自己，对他的对话者不感到任何兴趣；儿童并不设法交流，不期望任何回答，而且甚至往往不关心是否有人在听他说话。”因此，语言运用式的心理状态术语干预方式对这些儿童作用不大。这一研究结果也符合维果斯基的最近发展区理论。维果斯基（1934）认为任何教学都要求某种功能的某种程度的成熟。儿童的发展存在两个水平，一个是实际的发展水平，一个是潜在的发展水平。儿童通过与比他更高水平的人的相互作用从而达到由实际水平向潜在更高水平发展。通过训练，儿童从低层次的心理状态，向高级水平的心理状态层次发展。

四、研究结论

1. 既听又用（有）组在错误信念理解、情绪理解问题上与其他组别相比差异显著；在心理状态术语产生上差异不显著。

2. 在基于信念－情绪归因上，各个组别间差异均不显著。

第八章　重塑环境，促进儿童心理理论发展

如果有一个单词意思是“错误地相信”，它将表示对他人过去观点的解释。

——路德维希·维特根斯坦

第一节　心理状态术语与儿童心理理论关系的实质

语言是一个非常复杂的系统（见表8-1）。研究者将心理状态术语（如想、要、知道）作为关注的焦点，而有关心理状态术语结构性的重要区分是有关语义和语法的区分。一些研究者争论儿童的心理理论发展依赖于语义的获得，也就是意义，尤其指向心理状态术语的语义的获得（Bartsch、Wellman，1995；Peterson、Siegal，1995）。其他研究者则重点强调心理状态术语的语法结构（De Villiers、De Villiers，2000；Tager-Flusberg，2000）。他们认为这种语法结构为表征错误信念提供了必需的格式。

表 8-1 语言的不同方面（Astington、Baird，2005）

语言					
功能			结构		
表征（言语思维）	交流（对话）		一般语言能力	心理术语（尤其动词）	
	语用（个人能力）	语言环境（社会背景）		语义（心理状态的词汇术语）	语法（心理状态术语的句子补足语）

当然，心理状态术语和句法结构都是语言自身的构成部分，目前的测验工具很难将语义和语法成分彻底分离。如 Astington 和 Jenkins（1999）采用 TELD 的测量工具研究语言与错误信念理解的关系，研究结果指出 TELD 语法独一无二地与错误信念任务成绩相关，而不是语义。但实际上，TELD 的测验中大部分语法条目是在语法结构的基础上用精确的语义描述出来的。因此，实际上它只预示了语法和语义的联合结果，而语言又只能在运用中才能发挥它的本质。

在语言的许多方面中，心理状态术语本身的不确定性程度影响了不同国家儿童在心理理论任务中的表现（Shatz et al.，2003），而在心理状态术语的习得与儿童错误信念理解关系中，主要影响来自家庭微系统。商冲晨和莫书亮（2010）对家庭微系统对儿童错误信念理解的影响的相关研究进行了梳理与归纳，并指出家庭微系统对儿童错误信念理解的影响的中介因素就是心理状态术语（见图 8-1）。

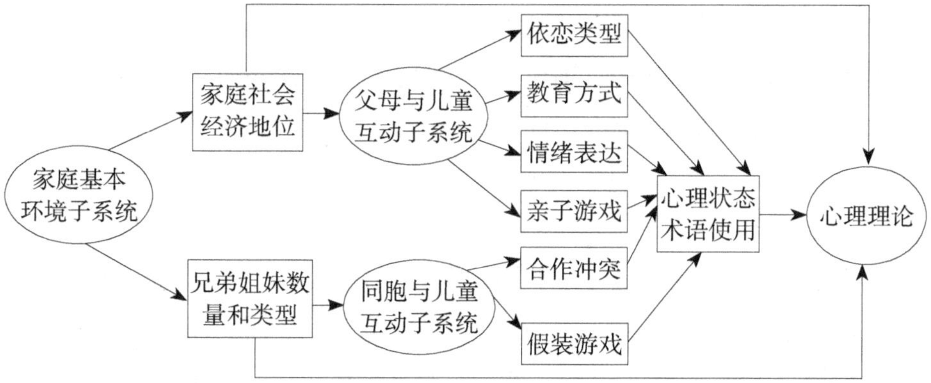

图 8-1 家庭微系统影响心理理论的复合式多重中介模型（商冲晨、莫书亮，2010）

Taumoepeau 和 Ruffman（2008）也指出在亲子谈话中，心理状态术语输入可作为儿童错误信念发展的最近发展区的脚手架，母亲在和儿童交流中先开始使用愿望词，儿童相应地发展了对愿望的理解，在这个基础上，母亲和儿童谈话中进一步加入更抽象的认知术语（如想、知道），这让儿童听到了第二、第三人称的观点视角（如你知道它在哪里吗？），从而进一步提高了错误信念理解能力。儿童 2—3 岁时，开始获得指向心理状态术语，首先是知觉、情感和愿望术语，接着是认知术语（Bartsch、Wellman，1995）。父母亲用这样的词语与儿童交流儿童自身的经验，更重要的是父母亲用这样的词语也谈论他人的经验，以至于儿童能够将别人的经验映射到他们自身，逐渐发展到归因自己或他人的心理状态。Nelson（1996）指出儿童起初使用心理状态术语并不意味着他们理解了这些术语所指的心理概念。她持有维特根斯坦式的论断：在儿童理解这些术语之前使用了这些术语，然后从使用中获取它们的意义。

在交谈的过程中，通过对不存在的事物和过去事件的讨论，交谈双方交流了信息，谈话双方很少会拥有相同的知识背景和观点，因此有效的交流基于交谈双方承认存在的分歧，并且允许表达他们对于该问题的所知、所想、所感。实际上，许多谈话都是很平常的交流——传达信息、提出问题、对某个观点的质疑和争论——所有的都源于不同的人具有不同的观点与看法。Harris（1999）也指出儿童通过对话进行信息交流，每个人有不同的观点，从而使儿童作为认识主体逐渐明白他人对于同样的事情有不同的视角。心理状态术语又为谈话中涉及不同视角提供了极好的外显平台，向儿童传达了第三者的想法，从而促进了交谈双方语言能力的发展，也促使了他们心理状态理解能力的提高。

不过，本书实证研究也论证了心理状态术语对错误信念理解的特异性，而不是普遍性。在第七章第二节研究中，即使汉语中有明确标示“错误论断”的心理状态术语——“以为”，但“以为”一词也仅仅对 4 岁儿童在含有该心理状态术语的想法问题的理解上有效，而对不含有该心理状态术语的知识问题和行为预测问题并不见效；也不能改变儿童随着年龄的发展，错误信念理解从机遇下到机遇上的发展轨迹。即使采用 Callaghan 等人（2005）的研究范式，研究了 70 名 3—5 岁汉语儿童，研究结果显示汉语儿童在错误信念理解成绩上与 Callaghan 等人研究中呈现的其他国家的儿童数据并没有显著性差异，也就是说不同国家的儿童在错误信念理解能力方面具有跨文化的一致性。这在一定程度上说明了汉语儿童与其他西方国家儿童相比，并不像 Liu、Wellman 和 Tardif（2008）元分析指出的那样，汉语儿童错误信念理解能力比西方国家儿童晚了两年左右。

这主要因为不同国家的儿童都具有随着生物成熟和社会经验发展起来的共同关注、社会参照、模仿技能以及故意行为的理解（Gergeley、Bekkering、Kiraly，2002；Tomasello、Haberl，2003）等方面的技能，这些技能是心理理论早期理解的先导（Tomasello，1999；Wellman，1994）。不同国家的儿童还具有同样的对话环境（张长英、桑标、马伟娜，2008）。刚开始，尤其在与父母亲的谈话中，逐渐认识到自身的心理状态，开始分享他人的心理状态；随着年龄的发展，儿童又和同伴在假装角色扮演等情境中经常讨论心理状态，从而进一步促进儿童心理理论的发展。

实际上，儿童语言的发展是各个要素相互配合、共同作用的结果。词义的理解是句法的前提和基础，儿童只有在理解词义的基础上才能运用句法知识推测自己和他人的心理；句法也是理解词义的重要线索，儿童只有理解句法结构才能更好地理解他人的言语。二者相辅相成，互相作用，不可分割，共同帮助儿童完成错误信念任务。在心理状态术语方面，也是如此。心理状态术语既有指向心理状态的语义，又有强调第三人或自身观点的语法特点这种特殊性；再加上儿童又通过使用心理状态术语积极加入分享他人观点的谈话中，从而三者结合使心理状态术语对错误信念理解的影响发挥得淋漓尽致。

第二节　重塑家庭环境，促进儿童心理理论发展

如何提高儿童的心理理论，帮助他们更好地适应社会生活，促进儿童亲社会行为的发展，是当前发展心理学研究者关注的热点问题。心理状态

术语与错误信念理解存在密切的关系，且心理状态术语的训练能显著地促进错误信念理解能力的发展。这一研究成果给我们提供了一些启示：重塑环境，尤其是重塑家庭环境，高频输入心理状态术语，提高儿童心理理论的发展。

一、主动创造同伴间对话机会

国内外的大量研究表明，家庭规模和兄弟姐妹间的相互关系与儿童心理理论的发展密切相关。兄弟姐妹越多，对话机会越多，心理理论发展就越好。而目前我国大多数家庭，尤其是城市家庭，大多是独生子女家庭，儿童的同伴对话环境贫乏，相应地减少了体验他人心理状态的机会。

因此，家长需要积极为儿童创造与同伴交往的机会，鼓励孩子多到社区和儿童游乐场所活动，帮助他们体验与他人共同活动的愉悦；在活动中可有意识指导帮助其学会遵守交往规则，学会关注他人的情绪变化，体会和理解他人的情感；还可与自己孩子年龄相仿或偏大的孩子的邻居家或朋友家形成派对，采用移情训练、角色扮演等游戏方法，让双方孩子参与其中，让其在游戏中体会他人的心理状态，从而促进对自己和他人心理状态的理解，学会分享和合作等亲社会行为。

二、积极改善亲子言语交流方式

研究表明，亲子间“将心比心”的言语交流，能促进儿童心理理论的发展。家长可多抽取更多的时间陪伴孩子，多和孩子说说话，且将孩子看成一个心理独立的个体，经常与孩子“将心比心”地交谈。

在日常的教育实践中，一方面，强调对儿童心理状态术语的输入。家长或幼儿教育工作者与儿童交流时，可积极改善言语交流方式，在平时交谈中或讲故事中多使用表示心理状态的词汇，如喜欢、悲伤、快乐、可能、想、觉得、认为等。同时让孩子说说自己的心理感受，例如：可以和孩子这样说：“我认为这个玩具并不是很好，你认为呢？”另一方面，强调儿童在谈话中对心理状态术语的运用。多鼓励儿童用外显的心理状态术语来表达内在的心理状态，且及时强化儿童在交谈中出现的新的心理状态术语，从而帮助他们清晰地表达自己的观点，理解他人的行为或想法，更好地适应社会生活。

在家长与孩子的言语交流中，有一种非常重要的形式，就是亲子阅读。亲子阅读不仅使父母与孩子情感得到沟通，增进了良好的亲子关系，而且常使用心理状态术语的亲子阅读能使儿童通过理解图画中的人物所想所为，也能够对现实生活中他人的想法、行为换位思考，从而促使了儿童心理理论的发展。目前比较提倡建构一种“对话式”的亲子阅读过程。对话式阅读使用的最基本方法是“对等式”交流，采用 CROWD 诱发技巧，通过儿童与成人之间进行简短的对话，成人不断提示儿童说出故事内容，并对儿童的回答给予评价。并在这种阅读过程中，多使用心理状态术语，不仅可以促进孩子语言能力的发展，而且可以促进儿童心理理论水平的提高。

以下以《我变成一只喷火龙了！》这本绘本来说明如何将对话式阅读法的 CROWD 诱发技巧应用于共读之中。

（1）填空型的问题（completion prompts）

说明：当孩子理解书中常出现的固定句型后，家长在说此固定句型时，会少说句尾词汇或词组，等待孩子用口语补上句尾词汇或词组。

举例：

家长：“他的汉堡也烤焦了，他的牙刷也烤焦了，他的玩具也__________”，等待孩子回应“烤焦了”。

（2）回忆型问题（recall prompts）

说明：当家长说完部分故事内容时可以问孩子问题，请孩子叙述刚刚看过的内容。

举例：

家长：“喷火龙想要把火熄灭，你记得他用了哪些方法吗？”

（3）开放式问题（open-ended prompts）

说明：以开放式问题引导孩子用自己的词汇或语句来回答跟故事有关

的问题。

举例：

家长：“你看这一页，发生了什么事啊？”

家长：“你猜他怎么了？”

家长：“你觉得喷火龙的心情怎么样？”

（4）WH问句（WH-prompts）

说明：WH问句包含：什么（what）、哪里（where）、为什么（why）、何时（when）以及如何（how）。

（5）连接生活经验的问题（distancing prompts）

说明：由对话协助儿童将书中部分情节与自身生活经验进行联系。

举例：

家长：“你生气时候会怎么办呢？”

家长：“如果是你，你会怎么灭火呢？”

三、经常开展家庭假装游戏

许多研究发现假装游戏和社会理解之间存在正相关。因为假装游戏有助于儿童对角色的心理状态的理解，促进儿童角色采择能力的发展，进而促使心理理论能力的发展。而家庭是儿童最早进行假装游戏的场所，家庭假装游戏主要发生在儿童与父母之间以及儿童与兄弟姐妹之间。国内外研究表明兄弟姐妹是儿童假装游戏中更好的玩伴。Farver和Supra（1987）的研究就发现，相对于母亲，在和年长的兄弟姐妹游戏时，物体假装游戏和合作性社会假装游戏的数量更多，也能促进对他人心理状态的理解。Youngblade和Dunn（1995）研究也发现儿童早期参与社会性假装游戏（如过家家、当医生等）的次数与儿童对他人情感和信念的理解存在显著的相关。一些研究也表明，联合建议的频率（如“你必须待在我怀里”或“咱们一起做饼子吧”）和角色分配的频率（如“你当妈妈”或“我当宝宝”）与儿童在心理理论任务的表现也密切相关。

当然，研究表明无论父母与儿童间或是兄弟姐妹和儿童间的假装游戏都能促进儿童的心理理论发展。在独生子女家庭中，亲子间的假装游戏成为家庭中的一种促使儿童对他人心理状态理解的比较有效的方法。

家长可充分开发游戏资源，利用各种日常用品和活动作为游戏材料和资源，巧用民间游戏，积极开展家庭假装游戏，尤其是社会性假装游戏（如过家家、警察抓小偷、当医生），注意亲子间言语交流，多使用心理状态术语，并鼓励孩子不断说出自己的想法。通过这种社会角色扮演，让孩子学会理解不同角色的想法、情感，从而促使其心理理论的发展。

第三节　重塑学校环境，促进儿童心理理论发展

根据布朗芬布伦纳生态系统观理论，发展中的个体嵌套于相互影响的一系列环境系统之中，系统与个体相互作用从而影响着个体发展。在影响儿童心理理论发展的因素中，除了家庭环境这一微系统之外，还有学校环境也直接影响着儿童心理理论的发展。目前大多数研究集中在教学组织形式、师生对话交流质量、同伴关系等学校环境因素与心理理论的关系上。

一、安排混龄教育活动

混龄群体相对于单一的同龄群体而言，增加了群体互动的复杂性和层次性。儿童在与其他不同年龄的同伴交往的过程中，其角色、位置、心理体验、沟通方式等都在不断地变化，从而给儿童提出了新的人际挑战（刘文、魏玉枝，2010）。多项研究表明，混龄编班可促进儿童心理理论的发展（McClellan、Kinsey，1999；刘文、魏玉枝，2010；张玉萍、苏彦捷，2007）。尤其在低龄阶段，张玉萍和苏彦捷（2007）认为，幼儿园同龄分班的教育形式使儿童失去了与异龄同伴交往的机会，限制了儿童的交往空间，可能会导致其社会性支持体系的减少，拉大儿童交往与现实交往的差距。混龄教育之所以能够促进儿童心理理论的发展，主要是因为混龄教育

为儿童营造了一种类似于兄弟姐妹聚集在一起的家庭氛围，更接近现实生活，更多地满足了儿童与异龄同伴交往的需要。兄弟姐妹式的交往能够为儿童提供更多的交流机会，使儿童能够接触到各种不同的交往形态，尤其当儿童与其不同年龄阶段交往对象的观点不一致时，儿童就开始对自己和他人的愿望、信念进行思考（刘文、魏玉枝，2010）。

因此，学校应为儿童安排形式各样的混龄教育活动。混龄编班或按照兴趣爱好混龄分组，尽量为儿童创设多样的互动环境，促进不同角度的交流。在混龄教育活动过程中，教师应尽量引导不同年龄儿童之间进行言语互动，表述自己的观点或想法，体验他人的心理状态，为自己和他人的想法提供合理的解释，并在对自身或他人想法的合理认知的基础上做出适当的行为，从而促进儿童心理理论的发展，提高儿童良好的人际沟通能力。

二、开展活动式教学形式

活动教学法一般是指教师根据教学要求和儿童获取知识、技能的过程为学生提供适当的教学情境，根据儿童身心发展的程度和特点设置，让儿童凭自己的能力参与阅读、讨论、游戏、学具操作等学习知识的课堂教学方法或过程。这种方法可为儿童提供丰富的同伴交流环境，教师可通过科学设置活动主题、准备充分的任务材料及安排有序的活动步骤等方面为儿童活动提供有效支持。在游戏、小组讨论、同伴共读等小组合作活动过程中，儿童需要知道对方的要求与想法，考虑自己的愿望并平衡自己和对方的需求，满足自己的情感需要，从而为儿童心理理论能力创造良好的发展空间。

尤其活动教学中的假装游戏形式对儿童心理理论发展起着重要的作用（Youngblade、Dunn，1995；郭力平、张晔，2002；王赟、杨宁，2010）。在假装游戏中，“不论是物体替代、拟人化还是角色指派，儿童都必须认识到一种基于心理表征的存在和现实的存在，而这也是理解他人心理状态所必需的表征能力”（马丽雳、桑标，2002）。教师引导其对所扮演的角色的情感、心理过程、愿望等心理状态进行体验，从而可设身处地地体验现实生活中他人的想法与情绪情感。

当然，儿童在与同伴交往的过程中，可能会出现冲突和矛盾。教师可以将这些冲突、矛盾作为教育契机，一方面引导儿童分析产生冲突的原因，并对不同观点进行协商；另一方面教给儿童适当地解决冲突的方法或策略，让儿童换位思考他人观点、情绪情感，学会理解他人，从而提高自身的心理理论能力，学习从他人的角度看问题，共同协商解决冲突。

三、提高师幼对话交流质量

师幼对话交流是师生互动中的一个重要方面，指师生之间的言语沟通、情绪情感沟通以及在沟通中的行为表现（仇小莉等，2015）。在师生对话交流中，教师营造的交流氛围、情感投入、语言技巧、行为态度和行为方式等都具有独特的价值，会对儿童各方面的发展产生一定的影响。不过，研究发现，幼儿园教师能充分认识到高质量的师幼互动需要教师积极的情感支持。但由于幼儿园班级规模较大、教学时间固定、教师缺乏提供情感支持的技巧等因素，在其实际互动中习惯于根据自己预设的框架来开展教学活动，以完成知识传递、技能获得等教学目标为标准，而忽略创造积极氛围、敏锐发现与回应儿童的情感需求，从而对儿童的情感支持不足（李丽、魏玉华、张长英，2017）。多项研究发现，心理状态术语的使用和某种句法结构的应用可促进儿童心理理论的发展。因此，在师幼对话交流中，可通过频繁使用心理状态术语和合理使用特定句法结构，从而促进儿童心理理论的发展。教师所使用的心理状态术语的数量和性质也会影响儿童心理理论能力的发展。

（一）频繁使用心理状态术语

国外研究发现，师生互动交流中，教师使用心理状态术语的数量能够促进儿童心理理论的发展（Lecce et al., 2014），但由于中国文化以含蓄为美，很少直白表达自己的心理状态，这种不同于西方文化下的行为模式或表达方式，造成了在师生互动过程中，教师较少使用情感词和心理状态术语（仇小莉，2015）。不过，为了提高师幼互动质量，提高教师提供幼儿情感支持的技巧，教师在教学、游戏或就餐时间中有意识地频繁使用心理状态术语和表达自己或他人情感状态的词语。例如："我觉得你能行""我相信你做得更好""你可以再想想""你认为小白兔怎样想的""今天我很开心"。同时，鼓励儿童表达自己的想法和情绪情感，并为儿童创设更多的同伴交流情境，从而让儿童浸泡在心理状态术语的语言情境中，促进儿童对自身及他人心理状态的理解。

（二）合理运用特定补语句法结构

De Villiers（1995）指出补语从句的理解是错误信念理解发展的先决条件。这种补语句法是一个包含有心理或交流动词从而组成复杂句的结构严谨的从句，基本句式是：主语 + 心理状态动词（如认为、相信等）+ 补足语。例如：妈妈以为小亮喝了牛奶。这种结构尽管其嵌套从句表达了一个错误命题，但整个句子可以表达真命题，从而为表征错误信念的理解提供了必需的语言格式。许多相关研究和干预研究也证实了这种特定补语句法理解在错误信念理解中的重要作用（莫书亮、苏彦捷，2009；Schick et al.，2007；Mo et al.，2013）。

在教学情境中，教师可将这种特定的句法结构运用到语言活动中。实际上，这种句法结构和心理状态术语的使用密不可分。通过这两者结合，达到了角色转换这一过程，从而让儿童设身处地地考虑他人的想法与情感。例如："你们觉得小马怎样想的？"但对于年幼儿童来说，这种句法结构可能起初理解起来有些困难。教师刚开始只是单方面的不断言语输入，将这种特定句法结构运用到各种语言情境中，儿童接受这种言语刺激的多次输入后，逐渐明白这种句法结构表达的含义，并将这种言语输入转化成言语输出，表达及理解自己或他人的想法或情绪情感，从而促进儿童心理理论的发展。

总之，在儿童心理理论领域，几乎每个问题都存在着分歧和矛盾，不同的研究途径会得到不同的研究结果，语言与心理理论关系之间的研究也是如此。不过，事实上，正是这种质疑和论争的推动，促进了人们对该领域的理解越来越深刻、准确。今后的研究可采用微观发生设计，多时段多情境地使用生态效度较高的非言语错误信念任务范式，分层随机选取大样本。避免只能仓促对付的遭遇战，强调群策群力、团结协作的大战役（陈立，1997），多学科融合、协同攻关语言与错误信念理解之间的关系，将研究结果有效地应用到社会实践中，促进儿童心理理论更好更快的发展。

参考文献

[1]陈国鹏，李丹.麦卡锡儿童智能量表的修订[J].中国临床心理学杂志，1994（3）：135-140.

[2]陈璟，李红.幼儿心理理论愿望信念理解与情绪理解关系研究[J].心理发展与教育，2008，24（1）：7-13.

[3]陈立.平话心理科学向何处去[J].心理科学，1997（5）：385-389.

[4]陈巍，郭本禹.自闭症儿童缺乏“心理理论”吗？——基于神经现象学的解读[J].中国特殊教育，2011（3）：33-37.

[5]陈英和，崔艳丽，王雨晴.幼儿心理理论与情绪理解发展及关系的研究[J].心理科学，2005，28（3）：527-532.

[6]陈友庆，闻素霞.聋童与正常儿童对多种信念的认知[J].心理与行为研究，2008，6（4）：266-274.

[7]仇小莉，高凤阳，田莉，等.师生对话交流质量与幼儿心理状态理解能力的发展[J].学前教育研究，2015（10）：24-31.

[8]代元东.从三个平面看“认为”“以为”的差异[J].贵州师范大学学报（社会科学版），2009（5）：116-119.

[9]邓赐平，桑标，缪小春.程式知识与幼儿心理理论的发展关系[J].心理学报，2002，34（6）：44-51.

[10]邓赐平，桑标，缪小春.儿童早期“心理理论”发展研究中的几个

基本问题［J］. 心理科学，2000，23（4）：16-20+125-126.
［11］邓赐平，桑标，缪小春 . 幼儿心理理论发展的一般认知基础——不同心理理论任务表现的特异性与一致性［J］. 心理科学，2002，25（5）：531-534.
［12］邓赐平 . 儿童心理理论的发展［M］. 杭州：浙江教育出版社，2008.
［13］邓赐平 . 幼儿心理理论表现的任务特异性分析［J］. 心理发展与教育，2003，19（3）：23-28.
［14］邓赐平 . 幼儿心理理论的发展及其表征机制的研究［D］. 上海：华东师范大学，2001.
［15］丁芳，郭勇 . 儿童心理理论、移情与亲社会行为的关系［J］. 心理科学，2010（3）：660-662.
［16］丁国旺，任太艳，宋正国 . 语言，语义，语言表征，心理理论——从语言获得建构理论谈心理理论和语言能力的关系［J］. 心理科学，2005，28（2）：505-508.
［17］丁国旺，任太艳，宋正国 . 语言，语义，语言表征，心理理论——从语言获得建构理论谈心理理论和语言能力的关系［J］. 心理科学，2005，28（2）：505-508.
［18］丁峻，陈巍 . 具身认知之根：从镜像神经元到具身模仿论［J］. 华中师范大学学报（人文社会科学版），2009，48（1）：132-136.
［19］丁峻，陈巍 . 心理理论研究三十年：回顾与反思［J］. 心理学探新，2009，29（1）：23-26.
［20］杜丹，苏彦捷 .7—11 岁儿童失言理解及与母亲教养方式的关系［J］. 心理发展与教育，2009，25（1）：14-20.
［21］范晓，杜高印，陈光磊 . 汉语动词概述［M］. 上海：上海教育出版社，1987.
［22］方富熹，Henry，Wellman，等 . 纵向再探学前儿童心理理论发展模式［J］. 心理学报，2009，41（8）：706-714.
［23］高雯，张宁生 . 特殊儿童心理理论的发展［J］. 北京联合大学学报（人

文社会科学版），2005，3（3）：89-93.
［24］郭力平，张晔．试论儿童装扮游戏与心理理论的关系［J］．心理科学，2002，25（2）：228-230.
［25］郝坚，苏彦捷．听力正常家庭和聋人家庭中聋童心理理论的发展［J］．中国特殊教育，2006（1）：45-51.
［26］郝坚．聋个体的心理理论——对有无外显线索的心理状态的理解及其机制［D］．北京：北京大学，2010.
［27］侯佳．学前儿童故事类图画书中心理理论内容的分析与实践研究［D］．西安：陕西师范大学，2015.
［28］金宇，靳才，静进，等．广州市幼儿心理推测能力发展水平的研究［J］．中华行为医学与脑科学杂志，2004，13（4）：433-434.
［29］金宇，静进．语言理解能力与儿童心理理论测试成绩的关系［J］．中国心理卫生杂志，2006，20（6）：351-354.
［30］李佳，苏彦捷．儿童心理理论能力中的情绪理解［J］．心理科学进展，2004，12（1）：37-44.
［31］李晶，刘希平．材料熟悉度和任务类型对幼儿心理理论发展的影响［J］．心理科学，2008（5）：1086-1089.
［32］李晶，刘希平．心理理论发展研究的一种新范式——矩阵博弈［J］．心理科学进展，2010，18（12）：1958-1965.
［33］李丽，魏玉华，张长英．幼儿园教师关于教学活动中高质量师幼互动特征的内隐观分析［J］．学前教育研究，2017（10）：38-48.
［34］李林慧，周兢，刘宝根，等．学前儿童图画故事书阅读理解研究［J］．中国特殊教育，2011（2）：90-96.
［35］李甦，李文馥，杨玉芳．3—6 岁儿童图画讲述能力的发展特点［J］．心理科学，2006，29（1）：25-29.
［36］李晓东，周双珠．幼儿是如何通过错误信念任务的：信念还是规则？［J］．心理发展与教育，2007，23（3）.
［37］李燕燕，桑标．亲子互动中游戏参与方式、情感交流和儿童心理理

论的关系［J］. 心理发展与教育，2006，22（1）.
［38］李英哲，熊文华. 实用汉语参考语法［M］. 北京：北京语言学院出版社，1990.
［39］刘国雄，方富熹. 关于儿童道德情绪判断的研究进展［J］. 心理科学进展，2003，11（1）：55-60.
［40］刘国雄，方富熹. 幼儿对基于信念的惊奇情绪的认知发展［J］. 心理学报，2007，39（4）：662-667.
［41］刘龙根. 维特根斯坦“语言游戏说”探析［J］. 广西社会科学，2004（7）：34-36.
［42］刘文，魏玉枝. 混龄教育中幼儿心理理论与创造性人格的关系［J］. 学前教育研究，2010（8）：33-38.
［43］刘希平，安晓娟. 研究心理理论的新方法——失言识别任务［J］. 心理科学进展，2010，18（3）：450-455.
［44］陆慧菁，苏彦捷. 回忆中提及他人与幼儿错误信念理解的关系［J］. 北京大学学报（自然科学版），2007，43（6）：847-854.
［45］马丽霞. 幼儿假装游戏、心理状态术语的应用与心理理论的发展［D］. 上海：华东师范大学，2002.
［46］马伟娜，洪灵敏，桑标. 同伴交往、亲子交往与儿童心理理论发展的关系［J］. 教育导刊（下半月），2009（4）：64-64.
［47］莫书亮，苏彦捷. 3—4 岁儿童的错误信念理解：补语句法，语义理解和工作记忆的作用［J］. 心理发展与教育，2009.
［48］莫书亮. 儿童心理理论的发展［M］. 北京：中国社会科学出版社，2014.
［49］莫书亮. 特定句法提示对 3—4 岁儿童错误信念理解的影响［J］. 心理学报，2007，39（1）：104-110.
［50］莫书亮. 特殊句法理解对 3—4 岁儿童错误信念理解的影响［D］. 北京：北京大学，2006.
［51］倪伟. 儿童信念—愿望推理的心理机制研究——兼对 ToMM-SP 模型

的检验［D］. 上海：华东师范大学，2008.

［52］任艳花 . 幼儿心理理论的发展及其与父亲教养方式关系的研究［D］. 广州：华南师范大学，2008.

［53］任真，桑标 . 自闭症儿童的心理理论发展及其与言语能力的关系［J］. 中国特殊教育，2005（7）：54-58.

［54］桑标，李燕燕 . 亲子间心理状态术语、非心理状态术语使用与儿童心理理论的关系［J］. 心理科学，2006，29（3）：553-557.

［55］桑标，马丽霞，邓赐平 . 幼儿心理状态术语的运用与心理理论的发展［J］. 心理科学，2004，27（3）：584-589.

［56］桑标，缪小春，陈美珍 . 幼儿对心理状态的认识［J］. 心理科学，1994（6）：328-333.

［57］桑标，徐轶丽 . 幼儿心理理论的发展与其日常同伴交往关系的研究［J］. 心理发展与教育，2006，22（2）：1-6.

［58］桑标 . 儿童发展心理学［M］. 北京：高等教育出版社，2009.

［59］商冲晨，莫书亮 . 家庭微系统对幼儿心理理论的影响：因素、过程和机制［J］. 心理科学进展，2010，18（6）：914-923.

［60］史惠中 . 关于 3—7 岁幼儿观察后讲述能力的调查报告［J］. 心理发展与教育，1986，V3（4）：13-21.

［61］苏彦捷，刘艳春 . 亲子交流与儿童心理理论的获得和发展：文化的视角［J］. 心理科学进展，2012，20（3）：317-327.

［62］苏彦捷，王恪 . 任务的呈现方式对孤独症儿童误念理解的影响［J］. 中国心理卫生杂志，2004，18（3）：147-150.

［63］隋晓爽，苏彦捷 . 对心理理论两成分认知模型的验证［J］. 心理学报，2003，35（1）：56-62.

［64］隋晓爽，苏彦捷 . 心理理论社会知觉成分与语言的关系［J］. 心理科学，2003，26（5）：930-931.

［65］王美芳，陈会昌 . 错误信念理解后儿童心理理论的发展［J］. 心理发展与教育，2001，17（2）：45-49.

[66] 王益文，张文新 .3—6 岁儿童“心理理论”的发展［J］. 心理发展与教育，2002，18（1）：11-15.

[67] 王赟，杨宁 . 假装游戏对幼儿心理理论发展的影响［J］. 学前教育研究，2010（2）：46-51.

[68] 维果斯基 . 思维与语言［M］. 李维，译 . 北京：北京大学出版社，1934.

[69] 吴南，张丽锦 . 心理理论和语言发展的关系［J］. 心理科学进展，2007，15（3）：436-442.

[70] 武进之，应厚昌，朱曼殊 . 幼儿看图说话的特点［J］. 心理科学，1984（5）：8-14.

[71] 熊哲宏，李其维 . 模拟论、模块论与理论论：儿童“心理理论”发展的三大解释理论［J］. 华东师范大学学报（教育科学版），2001，20（2）：70-77.

[72] 徐芬，王卫星，高山，等 . 幼儿心理理论水平及其与抑制控制发展的关系［J］. 心理发展与教育，2003，19（4）：7-11.

[73] 杨小冬，方格 . 学前儿童对事实、信念、愿望和情绪间关系的认知［J］. 心理学报，2005，37（5）：606-612.

[74] 于洋 .4—5 岁幼儿的时间标记心理理论任务的研究［D］. 成都：西南大学，2008.

[75] 张积家，陆爱桃 . 汉语心理动词的组织和分类研究［J］. 华南师范大学学报（社会科学版），2007（1）：117-123.

[76] 张兢兢，徐芬 . 心理理论脑机制研究的新进展［J］. 心理发展与教育，2005，21（4）：110-115.

[77] 张丽锦，吴南，郑砚 . 不同形式的语言介入对汉语儿童心理理论发展的干预［J］. 心理学报，2008，40（7）.

[78] 张敏，徐胜，凤华，等 .“思想泡”教学对低功能自闭症儿童心理理论发展的干预研究［J］. 中国特殊教育，2016（6）.

[79] 张婷，李红，曾维希，等 .3—6 岁儿童信念理解能力的发展研究［J］.

心理发展与教育，2009，25（4）：15-20.
[80] 张婷，吴睿明，李红，等. 不同维度的执行功能与早期心理理论的关系［J］. 心理学报，2006，38（1）：56-62.
[81] 张旭，方俊明. 不同语言能力幼儿在三种错误信念任务中的表现［J］. 中国特殊教育，2004（6）：21-25.
[82] 张旭. 幼儿错误信念理解与语言关系的纵向研究［J］. 中国特殊教育，2006（5）：71-76.
[83] 张玉萍，苏彦捷. 混龄编班对四岁儿童心理理论发展的影响［J］. 心理科学，2007，30（6）：1397-1401.
[84] 张长英，桑标，戴玉英，等. 幼儿看图叙述中心理状态术语的使用与错误信念理解关系的短期跟踪研究［J］. 心理科学，2012（4）：875-881.
[85] 张长英，桑标，马伟娜. 对话环境与心理理论发展［J］. 心理发展与教育，2008，24（4）：125-128.
[86] 张长英，桑标，马伟娜. 对话环境与心理理论发展［J］. 心理发展与教育，2008，24（4）：125-128.
[87] 赵景欣，张文新，纪林芹. 幼儿二级错误信念认知、亲社会行为与同伴接纳的关系［J］. 心理学报，2005，37（6）：760-766.
[88] 赵婧，苏彦捷. 回忆过去和想象将来时谈及他人与心理理论的关系［J］. 应用心理学，2009，15（1）：10-16.
[89] 周晶，郭力平. 3—6 岁汉语儿童语言能力与错误信念理解关系的元分析［J］. 心理科学进展，2014，22（6）：911-917.
[90] 周楠，方晓义. 自闭症儿童非言语错误信念任务的实验研究［J］. 心理科学，2011（3）：714-722.
[91] 周双珠，陈英和，胡竹菁. 道德和个人领域儿童情绪理解的发展特点及对其亲社会行为的影响［J］. 心理学探新，2017（1）.
[92] 周有斌，邵敬敏. 汉语心理动词及其句型［J］. 语文研究，1993（3）.
[93] 朱曼殊，武进之，缪小春. 口头言语发展的调查研究［J］. 心理学报，

1979，11：281 - 285.

[94]邹瑾，王立新，项玉 . 自闭心理理论研究范式的新进展——“思想泡”技术的运用 [J] . 中国特殊教育，2008，2008（2）：56-59.

[95] ADRIAN J E，CLEMENTE R A，VILLANUEVA L，et al.Parent - child picture-book reading，mothers' mental state language and children's theory of mind [J] .Journal of Child Language，2005，32（3）：673.

[96] ADRIAN J E，CLEMENTE R A，VILLANUEVA L.Mothers' Use of Cognitive State Verbs in Picture-Book Reading and the Development of Children' s Understanding of Mind：A Longitudinal Study [J] .Child Development，2007，78（4）：1052-1067.

[97] APPERLY I A，BUTTERFILL S A.Do humans have two systems to track beliefs and belief-like states? [J].Psychological Review，2009，116（4）：953-970.

[98] APPLETON M，REDDY V.Teaching Three Year-Olds to Pass False Belief Tests：A Conversational Approach [J] .Social Development，1996，5（3）：17.

[99] ASTINGTON J W，JENKINS J M.A longitudinal study of the relation between language and theory-of-mind development [J] .Developmental Psychology，1999，35（5）：1311-1320.

[100] ASTINGTON J W，JENKINS J M.Theory of mind development and social understanding [J] .Cognition & Emotion，1995，9（2-3）：151-165.

[101] ASTINGTON J W.The future of theory-of-mind research：Understanding motivational states，the role of language，and real-world consequences. Commentary on "Meta-analysis of theory-of-mind development：The truth about false belief" [J] .Child Development，2010，72（3）：685-687.

[102] ASTINGTON J W.Why Language Matters for Theory of Mind [M] .

Oxford：Oxford University Press，2005.

[103] BAILLARGEON R，SCOTT R M，HE Z.False-belief understanding in infants [J] .Trends in Cognitive Sciences，2010，14 (3) ：110-118.

[104] BARON-COHEN S，BALDWIN D A，CROWSON M.Do Children with Autism Use the Speaker's Direction of Gaze Strategy to Crack the Code of Language? [J] .Child Development，2010，68 (1) ：48-57.

[105] BARON-COHEN S，O'RIORDAN M，STONE V，et al.Recognition of Faux Pas by Normally Developing Children and Children with Asperger Syndrome or High-Functioning Autism [J] .Journal of Autism and Developmental Disorders，1999，29 (5) ：407-418.

[106] BARTSCH K，WELLMAN H M.Children Talk About the Mind [M] . Oxford：Oxford University Press，1995.

[107] BROWN J R，DONELANMCCALL N，DUNN J.Why talk about mental states? The significance of children's conversations with friends, siblings，and mothers [J] .Child Development，1996，67 (3) ：836-849.

[108] BUTTELMANN D，CARPENTER M，TOMASELLO M.Eighteen-month-old infants show false belief understanding in an active helping paradigm [J] .Cognition，2009，112 (2) ：337-342.

[109] CALL J，TOMASELLO M.A Nonverbal False Belief Task：The Performance of Children and Great Apes [J] .Child Development，1999，70 (2) ：381-395.

[110] CALLAGHAN T，ROCHAT P，LILLARD A，et al.Synchrony in the Onset of Mental-State Reasoning：Evidence from Five Cultures [J] . Psychological Science，2005，16 (5) ：378-384.

[111] CARPENDALE J，LEWIS C.How children develop social understanding [J] .Book/report/proceedings，2006，48 (1) ：49-51.

[112]CHANDLER M, CARPENDALE J.Colloquy on a community of minds[J]. Human Development, 2003, 46: 51 - 57.

[113] CHARMAN T, RUFFMAN T, CLEMENTS W.Is there a Gender Difference in False Belief Development? [J] .Social Development, 2002, 11 (1) : 10.

[114] CHEN M J, LIN Z X.Chinese preschoolers' difficulty with theory-of-mind tests [J] .Bulletin of the Hong Kong Psychological Society, 1994, 32 (33) : 34 - 36.

[115] CHEUNG H, CHEN H C, YEUNG W.Relations between mental verb and false belief understanding in Cantonese-speaking children [J] .J Exp Child Psychol, 2009, 104 (2) : 141-155.

[116] CHEUNG H, HSUAN-CHIH C, CREED N, et al.Relative Roles of General and Complementation Language in Theory-of-Mind Development: Evidence from Cantonese and English [J] .Child Development, 2004, 75 (4) : 1155-1170.

[117] CHEUNG H, SZETO C Y.Do false belief and verb non-factivity share similar neural circuits? [J] .Neuroscience Letters, 2012, 510 (1) : 38-42.

[118] CHEUNG H.False belief and language comprehension in Cantonese-speaking children [J] .J Exp Child Psychol, 2006, 95 (2) : 79-98.

[119] CHIN H Y.Teaching conversational skills to children with autism : Effect on the development of a theory of mind [J] .Journal of Autism & Developmental Disorders, 2000, 30 (6) : 569-583.

[120] DAS S, BABU N.Children's Acquisition of a Theory of Mind: The Role of Presence vs Absence of Sibling [J] .Psychological Studies, 2004, 49 (1) : 36 - 44.

[121] DAVID F, CHRIS M, JANE D, et al.Mental terms in mothers' and children's speech: similarities and relationships [J] .Journal of Child

Language, 1992, 19（3）: 15.

[122] DOAN S N, WANG Q.Maternal Discussions of Mental States and Behaviors: Relations to Emotion Situation Knowledge in European American and Immigrant Chinese Children [J] .Child Development, 2010, 81（5）: 1490-1503.

[123] DOHERTY M, PERNER J.Metalinguistic awareness and Theory of Mind: Just two words for the same thing? [J] .Cognitive Development, 1998, 13（3）: 279-305.

[124] DUNN J, BROWN J, SLOMKOWSKI C, et al.Young Children's Understanding of Other People's Feelings and Beliefs: Individual Differences and Their Antecedents[J].Child Development, 1992, 62(6): 1352-1366.

[125] DYER J R, SHATZ M, WELLMAN H M.Young children's storybooks as a source of mental state information [J] .Cognitive Development, 2000, 15（1）: 17-37.

[126] DYER-SEYMOUR J, SHATZ M, WELLMAN H, et al.Mental state expressions in US and Japanese children\"s books [J] .International Journal of Behavioral Development, 2004, 28（6）: 546-552.

[127] EBERT S, PETERSON C, SLAUGHTER V, et al.Links among parents' mental state language, family socioeconomic status, and preschoolers' theory of mind development [J] .Cognitive Development, 2017, 44: 32-48.

[128] FALKMAN K W, ROOS C, HJELMQUIST E.Mentalizing skills of non-native, early signers: A longitudinal perspective [J] .European Journal of Developmental Psychology, 2007, 4（2）: 178-197.

[129] FARRAR M J, BENIGNO J P, TOMPKINS V, et al.Are there different pathways to explicit false belief understanding? General language and complementation in typical and atypical children [J] .Cognitive

Development, 2017, 43: 49–66.

[130] FARRAR M J, MAAG L.Early language development and the emergence of a theory of mind [J] .First Language, 2002, 22 (2) : 197–213.

[131] FIGUERAS–COSTA B, HARRIS P L.Theory of Mind Development in Deaf Children: A Nonverbal Test of False–Belief Understanding [J] . Journal of Deaf Studies and Deaf Education, 2001, 6 (2) : 92–102.

[132] FLAVELL J H, FLAVELL G E R.Young Children\"s Ability to Differentiate Appearance–Reality and Level 2 Perspectives in the Tactile Modality [J] .Child Development, 1989, 60 (1) : 201–213.

[133] FOOTE R C, HOLMES–LONERGAN H A.Sibling conflict and theory of mind [J] .British Journal of Developmental Psychology, 2011, 21 (1): 45–58.

[134] FREEMAN N H, LEWIS C, DOHERTY M J.Preschoolers' grasp of a desire for knowledge in false–belief prediction: Practical intelligence and verbal report [J] .British Journal of Developmental Psychology, 2011, 9 (1) : 139–157.

[135] GAUDET R.Divide and Conquer: High Resolution Structural Information on TRP Channel Fragments [J] .The Journal of General Physiology, 2009, 133 (3) : 231–237.

[136] GERGELY G, BEKKERING H, KIRLY I.Developmental psychology: Rational imitation in preverbal infants [J] .Nature, 2002, 415 (6873): 755–755.

[137] GOLA A A H.Mental verb input for promoting children\"s theory of mind: A training study [J] .Cognitive Development, 2012, 27 (1) : 0–76.

[138] GOLDMAN A, MASON K.Simulation [J] .Philosophy of Psychology & Cognitive Science, 2007, 47 (3) : 267 – 293.

[139] GOPNIK A, ASTINGTON J W.Children's Understanding of

Representational Change and Its Relation to the Understanding of False Belief and the Appearance-Reality Distinction [J] .Child Development, 1988, 59 (1) : 26.

[140] Gopnik A, Meltzoff A N.Learning, development, and conceptual change.Words, thoughts, and theories [M] .Cambridge, MA: The MIT Press, 1997.

[141] GUAJARDO N R, WATSON A C.Narrative Discourse and Theory of Mind Development [J].Journal of Genetic Psychology, 2002, 163 (3): 305-325.

[142] HALE C M, TAGER-FLUSBERG H.The influence of language on theory of mind: a training study[J].Developmental science, 2003, 6(3): 346-359.

[143] HALE C M, TAGER-FLUSBERG H.The influence of language on theory of mind: a training study[J].Developmental science, 2003, 6(3): 346-359.

[144] HALE C M.Social communication in children with autism: The relationship between theory of mind and discourse development [J] . Autism, 2005, 9 (2) : 157-178.

[145] HAO J.Do deaf adults with limited language have advanced theory of mind? [J] .Res Dev Disabil, 2010, 31 (6) : 1491-1501.

[146] HARRIS J, HUTTON A, COOKE.Young Children's Theory of Mind and Emotion [J] .Cognition & Emotion, 1989, 3 (4) : 379 - 400.

[147] HARRIS P L, ROSNAY M D, PONS F.Language and children's understanding of mental states [J] .Current Directions in Psychological Science, 2010, 14 (2) : 69-73.

[148] HARRIS P L, ROSNAY M D, PONS F.Language and children's understanding of mental states [J] .Current Directions in Psychological Science, 2010, 14 (2) : 69-73.

[149] HE Z，BOLZ M，BAILLARGEON R.False-belief understanding in 2.5-year-olds：evidence from violation-of-expectation change-of-location and unexpected-contents tasks [J] .Developmental Science，2011，14（2）：292-305.

[150] HOOGENHOUT M，MALCOLM-SMITH S.Theory of mind in autism spectrum disorder：Does DSM classification predict development? [J] . Research in Autism Spectrum Disorders，2014，8（6）：597-607.

[151] HUGHES C，DUNN J.Understanding mind and emotion：Longitudinal associations with mental-state talk between young friends.Developmental Psychology，34，1026-1037 [J] .Dev Psychol，1998，34（5）：1026-1037.

[152] HUGHES C，JAFFEE S R，Francesca Happ é ，et al.Origins of Individual Differences in Theory of Mind：From Nature to Nurture? [J] . Child Development，2005，76（2）：356-370.

[153] HUGHES C，LECCE S，WILSON C. “Do you know what I want?” Preschoolers’ talk about desires，thoughts and feelings in their conversations with sibs and friends [J] .Cognition & Emotion，2007，21（2）：330-350.

[154] HUGHES C，LECCE S，WILSON C. “Do you know what I want?” Preschoolers’ talk about desires，thoughts and feelings in their conversations with sibs and friends [J] .Cognition & Emotion，2007，21（2）：330-350.

[155] HUGHES C，LEEKAM S.What are the Links Between Theory of Mind and Social Relations? Review，Reflections and New Directions for Studies of Typical and Atypical Development [J] .Social Development，2010，13（4）：590-619.

[156] HUGHES C，MARKS A，ENSOR R，et al.A Longitudinal Study of Conflict and Inner State Talk in Children\"s Conversations with Mothers

and Younger Siblings [J] .Social Development, 2010, 19 (4) : 822–837.

[157] JENKINS J M, ASTINGTON J W.Cognitive factors and family structure associated with theory of mind development in young children [J] . Developmental Psychology, 1996, 32 (1) : 70–78.

[158] JENKINS J M, TURRELL S L, KOGUSHI Y, et al.A longitudinal investigation of the dynamics of mental state talk in families [J] .Child Development, 2010, 74 (3) : 905–920.

[159] JOHNSON C N, MARATSOS M P.Early Comprehension of Mental Verbs: Think and Know [J] .Child Development, 1977, 48 (4) : 1743–1747.

[160] JOHNSON C N, MARATSOS M P.Early Comprehension of Mental Verbs: Think and Know [J] .Child Development, 1977, 48 (4) : 1743–1747.

[161] JOHNSON C N, WELLMAN H M.Children's developing understanding of mental verbs: Remember, know, and guess [J] .Child Development, 1980, 51 (4) : 1095–1102.

[162] JUAN V S, ASTINGTON J W.Bridging the gap between implicit and explicit understanding: How language development promotes the processing and representation of false belief [J] .Br J Dev Psychol, 2012, 30 (1) : 105–122.

[163] Kaciroti, Niko.Language and False Belief: Evidence for General, Not Specific, Effects in Cantonese–Speaking Preschoolers [J] . Developmental Psychology, 2007, 43 (2) : 318.

[164] KALAND N, MILLER–NIELSEN A, CALLESEN K, et al.A new `advanced\" test of theory of mind: evidence from children and adolescents with Asperger syndrome [J] .Journal of Child Psychology and Psychiatry, 2002, 43 (4) : 517–528.

[165] KREMER-SADLIK T.How Children with Autism and Asperger Syndrome Respond to Questions: a 'Naturalistic' Theory of Mind Task [J] . Discourse Studies, 2004, 6 (2) : 185-206.

[166] LARANJO J, BERNIER A, MEINS E, et al.The roles of maternal mind-mindedness and infant security of attachment in predicting preschoolers' understanding of visual perspective taking and false belief [J] .Journal of Experimental Child Psychology, 2014, 125: 48-62.

[167] LECCE S, BIANCO F, DEVINE R T, et al.Promoting theory of mind during middle childhood: A training program [J] .Journal of Experimental Child Psychology, 2014, 126: 52-67.

[168] LEE E C, RESCORLA L.The Use of Psychological State Terms By Late Talkers at Age 3 [J] .Applied Psycholinguistics, 2002, 23 (4) : 623-641.

[169] LEE K, OLSON D R, TORRANCE N.Chinese children's understanding of false beliefs: the role of language [J] .Journal of Child Language, 1999, 26 (1) : 1.

[170] LESLIE A M.Pretending and believing: issues in the theory of ToMM [J]. Cognition, 1994, 50 (1 - 3) : 211-238.

[171] LEWIS C, OSBORNE A.Three-year-olds' problems with false belief: conceptual deficit or linguistic artifact? [J] .Child Development, 2010, 61 (5) : 1514-1519.

[172] LICATA M, ZIETLOW A L, TRUBLE B, et al.Maternal Emotional Availability and Its Association with Maternal Psychopath ology, Attachment Style Insecurity and Theory of Mind [J] .Psychopathology, 2016, 49 (5) : 334 - 340.

[173]LILLARD A.Ethnopsychologies: Cultural variations in theories of mind[J]. Psychological Bulletin, 1998, 123 (1) : 3-32.

[174] LIU D，WELLMAN H M，TARDIF T，et al.Theory of mind development in Chinese children：A meta-analysis of false-belief understanding across cultures and languages [J] .Developmental Psychology，2008，44（2）：523-531.

[175] LOHMANN H，TOMASELLO M.The Role of Language in the Development of False Belief Understanding：A Training Study [J] . Child Development，2010，74（4）：1130-1144.

[176] LONGOBARDI E，LONIGRO A，LAGHI F.References to Mental States in Mother - Child Conversation in the Second Year of Life [J] .Journal of Child & Family Studies，2015，25（3）：1-11.

[177] LOW J.Preschoolers' Implicit and Explicit False-Belief Understanding：Relations With Complex Syntactical Mastery [J] . Child Development，2010，81（2）：597-615.

[178] LU H，SU Y，WANG Q.Talking about others facilitates theory of mind in Chinese preschoolers [J].Developmental Psychology，2008，44（6）：1726-1736.

[179] MAR R A，TACKETT J L，MOORE C.Exposure to media and theory-of-mind development in preschoolers [J] .Cognitive Development，2010，25（1）：0-78.

[180] MARIDAKI-KASSOTAKI K，LEWIS C，FREEMAN N H.Lexical choice can lead to problems：what false-belief tests tell us about Greek alternative verbs of agency [J].Journal of Child Language，2003，30（1）：145-164.

[181] MARSCHARK M，GREEN V，HINDMARSH G，et al.Understanding theory of mind in children who are deaf [J] .Journal of Child Psychology and Psychiatry，2000，41（8）：1067-1073.

[182] MARSCHARK M，RICHTSMEIER L M，RICHARDSON J T E，et al.Intellectual and Emotional Functioning in College Students following

Mild Traumatic Brain Injury in Childhood and Adolescence [J] .Journal of Head Trauma Rehabilitation，2000，15（6）：1227–1245.

[183] MATSUI T，RAKOCZY H，MIURA Y，et al.Understanding of speaker certainty and false–belief reasoning：A comparison of Japanese and German preschoolers [J] .Developmental Science，2010，12（4）：602–613.

[184] MATSUI T，YAMAMOTO T，MCCAGG P.On the role of language in children\"s early understanding of others as epistemic beings [J] .Cognitive Development，2006，21（2）：0–173.

[185] MCALISTER A，PETERSON C.A longitudinal study of child siblings and theory of mind development [J] .Cognitive Development，2007，22（2）：258–270.

[186] MCCLELLAN D E.Children's social behavior as related to participation in mixed–age or same–age groups [J] .Early Childhood Research & Practice，1991，1，1 – 22.

[187] MEINS E，FERNYHOUGH C，WAINWRIGHT R，et al.Maternal Mind–Mindedness and Attachment Security as Predictors of Theory of Mind Understanding [J] .Child Development，2002，73（6）：1715–1726.

[188] MEINS E，FERNYHOUGH C.Linguistic Acquisitional Style and Mentalising Development：The Role of Maternal Mind–mindedness[J].Cognitive Development，1999，14（3）：363–380.

[189] MILLER C A.Developmental Relationships Between Language and Theory of Mind [J] .American Journal of Speech–Language Pathology，2006，38（3）：405.

[190] MILLIGAN K，DACK A L A.Language and Theory of Mind：Meta–Analysis of the Relation between Language Ability and False–Belief Understanding [J] .Child Development，2007，78（2）：622–646.

[191] MISCIONE J L, MARVIN R S, GREENBERG R G O T.A Developmental Study of Preschool Children\"s Understanding of the Words \"Know\" and \"Guess\"[J].Child Development, 1978, 49(4): 1107–1113.

[192] MO S, SU Y, SABBAGH M A, et al.Sentential complements and false belief understanding in Chinese Mandarin–speaking preschoolers: A training study [J] .Cognitive Development, 2014, 29: 50–61.

[193] MO S, SU Y, SABBAGH M A, et al.Sentential complements and false belief understanding in Chinese Mandarin–speaking preschoolers: A training study [J] .Cognitive Development, 2014, 29: 50–61.

[194] MOELLER.Mothers' mental state input and theory of mind understanding in deaf and hearing children [J] .The Sciences and Engineering, 2003, 63 (7B) : 34 – 96.

[195] MOORE C, DAVIDGE J.The development of mental terms: pragmatics or semantics? [J] .Journal of Child Language, 1989, 16 (03) : 633.

[196] MOORE C, FURROW B D.Mental Terms and the Development of Certainty [J] .Child Development, 1989, 60 (1) : 167–171.

[197] MOORE C, FURROW D, CHIASSON L, et al.Developmental relationships between production and comprehension of mental terms[J]. First Language, 1994, 14 (40) : 001–17.

[198] MOORE C, PURE K, FURROW D.Children's Understanding of the Modal Expression of Speaker Certainty and Uncertainty and Its Relation to the Development of a Representational Theory of Mind [J] .Child Development, 1990, 61 (3) : 722–730.

[199] MORGAN G, MERISTO M, MANN W, et al.Mental state language and quality of conversational experience in deaf and hearing children[J]. Cognitive Development, 2014, 29 (1) : 41–49.

[200] NAIGLES L R.Manipulating the input: Studies in mental verb acquisition [M] // LANDAU B, SABINI J, JONIDES J, et al., Perception, cognition, and language: Essays in honor of Henry and Lila Gleitman. Cambridge, MA: The MIT Press, 2000.

[201] NELSON K, KESSLER S L.Developing a socially shared symbolic system [M] //AMSEL E, BYRNES J P, Language, Literacy, and Cognitive Development.The Development and Consequences of Symbolic Communication.Mahwah, NJ: Lawrence Erlbaum Associates, 2002.

[202] NELSON K, SKWERER D P, GOLDMAN S, et al.Entering a Community of Minds: An Experiential Approach to 'Theory of Mind' [J] .Human Development, 2003, 46 (1) : 24–46.

[203] NELSON K.The future of ToM lies in CoM [J] .International Society for the Study of Behavioral Development, 2004, 28 (1) : 16 - 17.

[204] NG L, CHEUNG H, XIAO W.False belief, complementation language, and contextual bias in preschoolers [J] .International Journal of Behavioral Development, 2010, 34 (34) : 168–179.

[205] NIELSEN M, DISSANAYAKE C.An investigation of pretend play, mental state terms and false belief understanding: In search of a metarepresentational link [J] .British Journal of Developmental Psychology, 2011, 18 (4) : 609–624.

[206] ONISHI K H.Do 15–Month–Old Infants Understand False Beliefs? [J] . Science, 2005, 308 (5719) : 255–258.

[207] ONTAI L L, THOMPSON R A.Attachment, Parent - Child Discourse and Theory–of–Mind Development [J] .Social Development, 2008, 17 (1) : 14.

[208] ORNAGHI V, BROCKMEIER J, GAVAZZI I G.The Role of Language Games in Children's Understanding of Mental States: A Training Study [J] .Journal of Cognition & Development, 2011, 12 (2) : 239–

259.

[209] PASCUAL B, AGUADO G, SOTILLO M, et al.Acquisition of mental state language in Spanish children: A longitudinal study of the relationship between the production of mental verbs and linguistic development [J] .Developmental Science, 2008, 11 (4) : 454-466.

[210] PELLETIER J, WILDE ASTINGTON J.Action, Consciousness and Theory of Mind: Children\"s Ability to Coordinate Story Characters\" Actions and Thoughts[J].Early Education & Development, 2004, 15(1): 5-22.

[211] PELLICANO E.The Development of Core Cognitive Skills in Autism: A 3-Year Prospective Study [J] .Child Development, 2010, 81 (5) : 1400-1416.

[212] PERNER J, RUFFMAN T, LEEKAM S R.Theory of Mind Is Contagious: You Catch It from Your Sibs [J] .Child Development, 1994, 65 (4) : 1228-1238.

[213] PERNER J, SPRUNG M, ZAUNER P, et al.Want That is Understood Well before Say That, Think That, and False Belief: A Test of de Villiers\"s Linguistic Determinism on German - Speaking Children [J] . Child Development, 2003, 74 (1) : 179-188.

[214] PERNER J, WIMMER H. "John thinks that Mary thinks that…" attribution of second-order beliefs by 5- to 10-year-old children [J] . Journal of Experimental Child Psychology, 1985, 39 (3) : 0-471.

[215] PESKIN J, ASTINGTON J W.The effects of adding metacognitive language to story texts [J] .Cognitive Development, 2004, 19 (2) : 0-273.

[216] PETERS K, REMMEL E, RICHARDS D.Language, mental state vocabulary, and false belief understanding in children with cochlear

implants [J] .Language Speech & Hearing Services in Schools, 2009, 40 (3) : 245.

[217] PETERSON C C, LIU W D.Steps in Theory–of–Mind Development for Children with Deafness or Autism[J].Child Development, 2005, 76(2): 502–517.

[218] PETERSON C C, SIEGAL M.Changing focus on the representational mind: Deaf, autistic and normal children's concepts of false photos, false drawings and false beliefs [J] .British Journal of Developmental Psychology, 2011, 16 (3) : 301–320.

[219] PETERSON C C, SIEGAL M.Insights into Theory of Mind from Deafness and Autism [J] .Mind & Language, 2010, 15 (1) : 123–145.

[220] PETERSON C C, SLAUGHTER V P.Telling the story of theory of mind: Deaf and hearing children's narratives and mental state understanding [J] .British Journal of Developmental Psychology, 2011, 24 (1) : 151–179.

[221] PETERSON C, JESSO B, MCCABE A.Encouraging narratives in preschoolers: , an intervention study [J] .Journal of Child Language, 1999, 26 (1) : 49.

[222] PILLOW B H, LOVETT S B."He Forgot": Young Children's Use of Cognitive Explanations for Another Person's Mistakes [J] .Merrill–Palmer Quarterly (1982–) , 1998, 44 (3) : 378–403.

[223] PONS F, LAWSON J, HARRIS P L, et al.Individual differences in children's emotion understanding: Effects of age and language [J] . Scandinavian Journal of Psychology, 2003, 44 (4) : 7.

[224] PREMACK D.Does the chimpanzee have a theory of mind? [J] . Behavioural and Brain Sciences, 1978, 4: 515 - 526.

[225] PRIME H, PLAMONDON A, PAUKER S, et al.Sibling cognitive sensitivity as a moderator of the relationship between sibship size and

children' s theory of mind: A longitudinal analysis [J] .Cognitive Development, 2016, 39: 93–102.

[226] PYERS J E, SENGHAS A.Language Promotes False–Belief Understanding: Evidence From Learners of a New Sign Language [J] . Psychological Science, 2009, 20 (7) : 805–812.

[227] RAKHLIN N, KORNILOV S A, REICH J, et al.The relationship between syntactic development and Theory of Mind: Evidence from a small–population study of a developmental language disorder [J] . Journal of Neurolinguistics, 2011, 24 (4) : 0–496.

[228] RIEFFE C, TERWOGT M M.Deaf Children's Understanding of Emotions: Desires Take Precedence [J] .Journal of Child Psychology and Psychiatry, 2000, 41 (5) : 8.

[229] ROSNAY M, PONS F, HARRIS P L, et al.A lag between understanding false belief and emotion attribution in young children: Relationships with linguistic ability and mothers' mental–state language [J] .British Journal of Developmental Psychology, 2011, 22 (2) : 197–218.

[230]ROTH D, LESLIE A M.Solving belief problems: toward a task analysis[J]. Cognition, 1998, 66 (1) : 1–31.

[231] RUFFMAN T, SLADE L, CROWE E.The Relation between Children\"s and Mothers' Mental State Language and Theory–of–Mind Understanding [J] .Child Development, 2002, 73 (3) : 734–751.

[232] RUFFMAN T, SLADE L, DEVITT K, et al.What mothers say and what they do: The relation between parenting, theory of mind, language and conflict/cooperation [J] .British Journal of Developmental Psychology, 2011, 24 (1) : 105–124.

[233] RUFFMAN T, SLADE L, ROWLANDSON K, et al.How language relates to belief, desire, and emotion understanding [J] .Cognitive

Development, 2003, 18（2）: 139–158.

[234] SABBAGH M A, XU F, CARLSON S M, et al.The development of executive functioning and theory of mind: A comparison of Chinese and U.S.preschoolers [J].Psychological Science, 2006, 17: 74 - 82.

[235] SAPP F, LEE K, MUIR D.Three–year–olds\" difficulty with the appearance - reality distinction: Is it real or is it apparent? [J].Developmental Psychology, 2000, 36（5）: 547–560.

[236] SCHICK B, VILLIERS P D, HOFFMEISTER V R.Language and Theory of Mind: A Study of Deaf Children [J].Child Development, 2007, 78（2）: 376–396.

[237] SCHWANENFLUGEL P J, HENDERSON R L, FABRICIUS W V.Developing organization of mental verbs and theory of mind in middle childhood: Evidence from extensions [J].Developmental Psychology, 1998, 34（3）: 512–524.

[238] SHATZ M, DIESENDRUCK G, MARTINEZ–BECK I, et al.The influence of language and socioeconomic status on children\"s understanding of false belief [J].Developmental Psychology, 2003, 39（4）: 717–729.

[239] SHATZ M, WELLMAN H M, SILBER S.The acquisition of mental verbs: A systematic investigation of the first reference to mental state[J].Cognition, 1983, 14（3）: 301–321.

[240] Shatz M.Toddler' s life: Becoming a person [M].New York: Oxford University Press, 2004.

[241] SLADE L, RUFFMAN T.How language does（and does not）relate to theory of mind: A longitudinal study of syntax, semantics, working memory and false belief [J].British Journal of Developmental Psychology, 2011, 23（1）: 117–141.

[242] SLAUGHTER V, GOPNIK A.Conceptual coherence in the child's

theory of mind: training children to understand belief [J] .Child Development, 2010, 67 (6) : 2967–2988.

[243] SLAUGHTER V, MACKINTOSH P E.Mind What Mother Says: Narrative Input and Theory of Mind in Typical Children and Those on the Autism Spectrum [J] .Child Development, 2007, 78 (3) : 839–858.

[244] SLAUGHTER V.Children's understanding of pictorial and mental representations [J] .Child Development, 2010, 69 (2) : 321–332.

[245] SMITH M, APPERLY I, WHITE V.False belief reasoning and the acquisiton of relative clause sentences [J] .Child Development, 2010, 74 (6) : 1709–1719.

[246] SONG J H, VOLLING B L, LANE J D, et al.Aggression, Sibling Antagonism, and Theory of Mind During the First Year of Siblinghood: A Developmental Cascade Model[J].Child Development, 2016, 87(4): 1250–1263.

[247] SORSBY A J, MARTLEW M.Representational demands in mothers\" talk to preschool children in two contexts: picture book reading and a modelling task [J] .Journal of Child Language, 1991, 18 (2) : 373.

[248] SOUZA D H. "Do you know what I think?" A cross–linguistic investigation of children's understanding of mental state words [D] .The University of Texas at Austin, 2005.

[249] STEPHANIE M N.Mental state verb production and sentential complements in four–year–old children [J] .First Language, 2005, 25 (1) : 19 - 37.

[250] STREET M, WT L, CURENTON S M.The Association Between Narratives and Theory of Mind for Low–Income Preschoolers [J] .Early Education & Development, 2004, 15 (2) : 124–146.

[251] SURIAN L, CALDI S, SPERBER D.Attribution of Beliefs by

13–Month–Old Infants [J] .Psychological Science, 2010, 18 (7): 580–586.

[252] SYMONS D K, FOSSUM K L M, KATECOLLINS T B.A Longitudinal Study of Belief and Desire State Discourse During Mother - Child Play and Later False Belief Understanding [J] .Social Development, 2006, 15 (4): 17.

[253] SYMONS D K, PETERSON C C, SLAUGHTER V, et al.Theory of mind and mental state discourse during book reading and story–telling tasks [J] .2005, 23 (1): 81–102.

[254] TARDIF T, WELLMAN H M, MAN CHEUNG K.False belief understanding in Cantonese–speaking children [J] .Journal of Child Language, 2004, 31 (4): 779–800.

[255] TARDIF T, WELLMAN H M.Acquisition of mental state language in Mandarin– and Cantonese–speaking children [J] .Developmental Psychology, 2000, 36 (1): 25–43.

[256] Tardif T.But are they really verbs? Chinese words for action [M] // HIRSH–PASEK K, GOLINKOFF R M, Action meets word: How children learn verbs.New York: Oxford University Press, 2006.

[257] TAUMOEPEAU M, RUFFMAN T.Mother and Infant Talk About Mental States Relates to Desire Language and Emotion Understanding [J] . Child Development, 2010, 77 (2): 465–481.

[258] TAUMOEPEAU M, RUFFMAN T.Stepping Stones to Others' Minds: Maternal Talk Relates to Child Mental State Language and Emotion Understanding at 15, 24, and 33 Months [J] .Child Development, 2008, 79 (2): 284–302.

[259] TERWOGT M M.Deaf Children\"s Use of Beliefs and Desires in Negotiation [J] .Journal of Deaf Studies and Deaf Education, 2004, 9 (1): 27–38.

[260] THORDARDOTTIR E T.Early lexical and syntactic development in Quebec French and English: implications for cross-linguistic and bilingual assessment [J] .Int J Lang Commun Disord, 2005, 40 (3): 243–278.

[261] TOMASELLO C M.A Nonverbal False Belief Task: The Performance of Children and Great Apes [J] .Child Development, 1999, 70 (2): 381–395.

[262] TOMASELLO M, STAHL D.Sampling children's spontaneous speech: how much is enough? [J] .J Child Lang, 2004, 31 (1): 101–121.

[263] TOMASUOLO E, VALERI G, DI RENZO A, et al.Deaf Children Attending Different School Environments: Sign Language Abilities and Theory of Mind [J] .Journal of Deaf Studies and Deaf Education, 2013, 18 (1): 12–29.

[264] TURNBULL W, CARPENDALE J I.Talk and Childrens Understanding of Mind [J] .Journal of Consciousness Studies, 2009, 16 (6–8): 140–166.

[265] ULRICH M, ZELAZO P D, IMRISEK S.Executive function and children\"s understanding of false belief: how specific is the relation?[J]. Cognitive Development, 2005, 20 (2): 0–189.

[266] VILLIERS J D.The interface of language and Theory of Mind [J] . Lingua, 2007, 117 (11): 1858 - 1878.

[267] VILLIERS J G D, PYERS J E.Complements to cognition: A longitudinal study of the relationship between complex syntax and false-belief-understanding [J] .Cognitive Development, 2002, 17 (1): 1037–1060.

[268] WANG Q, DOAN S N, SONG Q.Talking about internal states in mother - child reminiscing influences children\"s self-representations: A cross-cultural study [J] .Cognitive Development, 2010, 25 (4):

0–393.

[269] WANG Q, LEICHTMAN M D, DAVIES K I.Sharing memories and telling stories: American and Chinese mothers and their 3–year–olds[J]. Memory, 2000, 8（3）: 159–177.

[270] WANG Q."Remember when you got the big, big bulldozer?" Mother–child reminiscing over time and across cultures [J] .Social Cognition, 2007, 25（4）: 455–471.

[271] WANG Q. “Did you have fun?” : American and Chinese mother – child conversations about shared emotional experiences [J] .Cognitive Development, 2001, 16（2）: 693–715.

[272] WANG Q.Infantile amnesia reconsidered: A cross–cultural analysis [J]. Memory, 2003, 11（1）: 65–80.

[273] WANG Q.The Emergence of Cultural Self–Constructs: Autobiographical Memory and Self–Description in European American and Chinese Children [J] .Developmental Psychology, 2004, 40（1）: 3–15.

[274] WATSON A C, PAINTER K M, BORNSTEIN M H.Longitudinal Relations Between 2–Year–Olds\" Language and 4–Year–Olds\" Theory of Mind [J] .Journal of Cognition and Development, 2001, 2（4）: 449–457.

[275] WELLMAN H M, CROSS D, WATSON J.Meta–Analysis of Theory–of–Mind Development: The Truth about False Belief [J] .Child Dev, 2001, 72（3）: 655–684.

[276] WELLMAN H M, HOLLANDER M, SCHULT C A.Young children's understanding of thought bubbles and of thoughts [J] .Child Development, 2010, 67（3）: 768–788.

[277] WILLIAM T, JEREMY I M, CARPENDALE T P.Racine.Relations between Mother–child Talk and 3– to 5–Year–Qld Children's Understanding of Belief [J] .Merrill–Palmer Quarterly, 2008, 54（3）:

367 - 385.

[278] WIMMER H, PERNER J.Beliefs about beliefs: Representation and constraining function of wrong beliefs in young children's understanding of deception [J] .Cognition, 1983, 13 (1) : 103–128.

[279] WOOLFE T, WANT S C, SIEGAL M.Signposts to development: theory of mind in deaf children [J] .Child Development, 2010, 73 (3) : 768–778.

[280] YAEL BAT-CHAVA, MARTIN D, KOSCIW J G.Longitudinal improvements in communication and socialization of deaf children with cochlear implants and hearing aids: evidence from parental reports [J] . Journal of Child Psychology and Psychiatry, 2005, 46 (12) : 1287–1296.

[281] YI L, FAN Y, ZHAO J, et al.Atypical understanding of mental terms in Chinese-speaking children with autism spectrum disorder [J] . Research in Autism Spectrum Disorders, 2013, 7 (11) : 1411–1417.

附　录

附录 1　MSCA 一 CR 言语分量表记录纸

主试：

幼儿园：	被试姓名：	
性别：	班级：	
出生日期：　年　月　日	测查日期：　年　月　日	年龄：　岁　月　天
	合成粗分：	量表分：

测验 3 图画记忆

呈示时间	回答时间	回答	得分
10 秒	90 秒	钮扣（　　）剪刀（　　）别针（　　） 马（　　）钥匙（　　）铅笔（　　）	（0～6）

测验 4 词语知识

第 I 部分 看图回答	得～分
1. 苹果（　　）树（　　）房子（　　）女人（　　）牛（　　）	（0～5）
2. 游艇	（0～1）
3. 表	（0～1）
4. 花	（0～1）
5. 钱包	（0～1）
合计（第 I 部分）	（最高 =9）

第Ⅱ部分 说话	4 项连续失败中止	回答	得分（0～2）
1. 毛巾			
2. 线			
3. 外衣			
4. 工厂			
5. 音乐会			
6. 诚实			
7. 工具			
8. 缩小			
9.1 个月			
10. 名人			
合计（第Ⅱ部分）			（最高 =20）

5 岁以上第Ⅱ部分项目 1 和项目 2 都不是 0 分，第Ⅰ部分就算通过，给 9 分。

测验 4 =☐ + ☐

测验 7 词的记忆

第Ⅰ部分连续三项失败中止。第Ⅰ部分得 8 分以上者可以实施第Ⅱ部分。

第Ⅰ部分 词和句	得分
1. 玩具—椅子—光亮	（0～3）
2. 娃娃—黑暗的— 外套	（0～3）
3. 后来—颜色—有趣的—今天	（0～4）
4. 周围—所以—下面—决不	（0～4）
项目 5 和项目 6 下面划线的词	
5. 那个男儿童 每天 早晨 上学前对自己的狗说声再见。	（0～6）
6. 那个女孩 出去 以前 给娃娃 系上 好看的粉红的 发带。	（0～8）
合计（第Ⅰ部分）	（最高 =28）（　　）× 1/2=（　　）

第Ⅱ部分 讲故事	回答	得分（0～1）
1. “小三”（男性、小孩）		
2. “阿姨”（女性、成人）		
3. “信”（明信片、纸条）		
4. “到店里买东西”（任何店、办事、买物）		
5. “小三遇阿姨”（偶然遇上、看到）		
6. “风吹走了信”（某物被吹走）		

续表

第Ⅱ部分 讲故事	回答	得分（0～1）
7.“小三说，我帮你拾回来”（他要帮他、去拿、找回）		
8.“小三往马路左右仔细看了一下”（表示上马路前很当心）		
9.“小三把信拾了回来”（表示对阿姨进行具体帮助）		
10.“阿姨很高兴”（表示对方的满意情绪）		
11.“阿姨对小三表示感谢”（表示对小孩的口头感谢）		
合计（第Ⅱ部分）		（最高 =11）

测验 15 词的流畅性

	限制时间	回答语记录	得分（0～9 分）
1. 食物。例：面包、苹果	20 秒		
2. 动物。例：猫、狗	20 秒		
3. 穿戴的。例：鞋	20 秒		
4. 交通工具。例：公共汽车	20 秒		
合计：最高 =36 （　　）× 1/2=（　　）			

测验 17 反义类推

	得分（0～1 分）
1. 象是大的。老鼠是（　）的	
2. 太阳是热的，冰是（　）的	
项目 1 和 2 只要有一个正确就可以继续进行。项目项连续失败中止	
3. 跑是決的，走是（　）的	
4. 棉花是柔软的，石头是（　）的	
5. 醋是酸的，糖是（　）的	
6. 鸟的毛是轻的，石头是（　）的	
7. 我把球向上扔，球往哪儿落？	
8. 墨水是浓的，清水是（　）的	
9. 砂纸是粗糙的，镜子是（　）的	
合计	最高 =9

测验 17=（　　）× 2

附录2　预实验的实验材料（补全句子题目）

各位家长或老师，您好！感谢您支持我们的调查。请您读完每段故事后，在横线上填上合适的动词。无论您填写哪个词语，都没有对和错之分，而且采用匿名的方式，请不要有任何顾虑。答案仅供研究所用。再次感谢您的真诚协助！

1. 懒羊羊把喜欢吃的棒棒糖放在自己的书包里，然后去玩了。喜羊羊看到了，趁他不在时将糖取出来，放在冰箱里。懒羊羊回来后，想拿糖。若问您：懒羊羊先到哪里找棒棒糖？

您的回答可能是：懒羊羊先到书包里找，因为懒羊羊________他的棒棒糖在书包里。

2. 向您出示牙膏盒，先问您里面装的是什么。然后研究者打开盒子，拿出来一支铅笔。把铅笔放回盒子，并盖上盒盖。若问您：在打开盒子之前，盒子里面放的是什么？

您的回答可能是：我________盒子里放的是牙膏。

3. 让孩子看用塑料制成的假面包，让他们判断是什么。在孩子辨认为“面包”之后，把真假面包一起拿出来给儿童，让他们用眼看，用手摸，并帮助他们知道真假面包的区别。研究者指着塑料面包问：“如果你的好朋友一进门看到它，没有摸，他会怎样？”

您的回答可能是：我________孩子会说：“我的好朋友________它是真香蕉。”

附录 3　心理状态术语理解实验材料

部分样题：

1. 懒羊羊从饭橱里拿了一袋糖，这袋糖有红色的、绿色的和黄色的。懒羊羊对美羊羊说，“闭上你的眼睛，我会给你一个，不要偷看。”美羊羊闭上了眼睛，没有偷看。懒羊羊从袋子里拿出来一个，美羊羊没有偷看，懒羊羊对美羊羊说，“它是什么颜色？”美羊羊说，“它是黄色的”。现在仔细听，美羊羊没有看到糖，美羊羊是真的知道糖是黄色的还是猜的？

2. 天下雨了，小白兔拿上伞去小熊哥哥家里玩，当它到了小熊哥哥家里后，就把伞放在了卫生间里。后来，它回家的时候，天晴了，小白兔把伞就忘在了小熊哥哥家。小白兔妈妈问小白兔：你的雨伞呢？小白兔说：它在小熊家里的卫生间里。小白兔是记得它的雨伞在小熊家还是忘记它的雨伞在小熊家？

3. 美羊羊和暖羊羊玩躲迷藏的游戏。暖羊羊闭上了眼睛，数“一、二、三……”，美羊羊躲在了树后，暖羊羊没有看到她躲在了哪里。暖羊羊数到了十，问：“躲好了吧，我来找了。”暖羊羊找呀找，最后在树后找到了美羊羊。暖羊羊是觉得美羊羊在树后还是相信美羊羊在树后？

附录 4　干预故事举例

瓶中的小字条

目标词：相信

一天，小熊维尼在放学回家的路上发现了一个瓶子，瓶子里面有一张字条，它很想知道：这张字条上到底写着什么？但他又不知道到底要不要捡这个瓶子，它考虑了一下，最后还是决定将这个瓶子拿回家。吃过午饭后，小熊跑到朋友小海豚汤姆家里，让他看看自己发现了什么，小海豚仔细看过瓶子后，说："我相信这个瓶子里的纸条上有别人求救的信号。"于是，他们两个人决定打开这个瓶子，看看字条上到底写着什么。在那张褪色的黄纸上写着："谢谢您打开这个瓶子，如果您真正想帮助我，请尽快到海藻公园来。"小海豚汤姆有点害怕，它不敢去海藻公园，因为它不清楚在那里能找到什么；但是小熊维尼很勇敢，它决定去海藻公园去看看，因为它很想知道是谁写的这张纸条，并想去帮助他。尽管小海豚汤姆有点害怕，但还是同意和好朋友小熊一块儿去冒险。两个好朋友走呀走，过了不久到达了海藻公园。在海藻公园他们没有发现任何人，但在一个长凳旁边，却发现了另外一个瓶子，这个瓶子看上去和第一个瓶子很像。刚开始，两个好朋友感到很惊讶，因为他们原以为会看到一个需要帮助的人，而不是一个瓶子。小海豚汤姆看了看瓶子，说："真奇怪，这越来越让我相信有人给咱们开了一个玩笑。"但小熊维尼却更感到好奇了，它决定马上打开这个新瓶子。打开后，在这个瓶子里也有一个小条子，上面写道："您太伟大了，竟然发现了第二个瓶子，您记得恐龙洞穴吗？请到那里找我。”两个好朋友为了尽快找到那个写纸条的人，于是以最快速度来到了那个洞穴。但是到了那里，他们没有看到任何人，又发现了一个瓶子。现在两个好朋友不知道该怎么办了。小海豚没有感到害怕而是变得有点生气了，因为他更加相信这是一个玩笑，但小熊却越来越担心留下纸条的那个人。于是，两个好朋友又一次打开第三个瓶子，看到了里面的字条，上面写着：“很不巧，我必须离开了，我不能一直呆在这里。不过，如果您游得很快，您会在一个最大的珊瑚虫暗礁里找到我。”这时，小熊记得有一条小路能早点到达那里，他们通过这条小路很快到达了暗礁那边。他们在暗礁里仔细地找呀找，他们想看到新的奇迹发现，可是他们却又发现了一个大瓶子，这个瓶子比前三个瓶子大得多。现在，小熊维尼不知道该怎么办了，不过它真的希望帮助那个神秘的人。于是，在小海豚的鼓励下，小熊维尼打开了这个大瓶子，一张字条掉了下来了，两个好朋友从地上捡起来，看到字条上写着：“亲爱的朋友，我是海星露西，我和章鱼、海绵宝宝设计了这个活动，因为我们知道你们两个很勇敢，喜欢冒险。我们也是，天天下午希望能够去外面冒险，于是我们决定成立一个冒险俱乐部。在这个大瓶子里，你们会找到两串项链，项链是冒险俱乐部成员的标志。如果你们决定带上它，你们就来我家参加一个聚会，我们会在家里等着你们。”在瓶子的底部，他俩果然发现了两串项链，他们戴上了项链，来到海星露西的家里参加了庆祝冒险俱乐部成立的聚会。他们在聚会中玩得很开心，小熊想：尽管他们刚才拿我开玩笑，但我相信有这么多朋友一块儿玩真是太开心了！

后　记

时间是一个最奇怪的东西，它最不偏私，给任何人都是二十四小时；它也是最偏私，给任何人都不是二十四小时。转逝之间，我已到不惑之年。细想从往，深感荣幸。西北师范大学本科毕业，继而追随周爱保教授攻读硕士学位；“三十而立”之年，师从桑标教授攻读博士学位；接着走进哈佛大学学堂，有幸与 Helen Elizabeth Haste 教授合作，亲聆 Paul Harris 教授的《发展心理学》课程。回忆往昔，身边的人、经历的事一个个、一幕幕地涌现在眼前……

感谢恩师桑标教授不嫌我愚笨，让我成为桑树下的一员，使我有幸聆听您的谆谆教诲，感受您的人格魅力。永远不会忘记您对我的鼓励话语，您总在我气馁自卑时增加我前进的信心；也不会忘记您在百忙中给我字斟句酌地修改论文；更不会忘记您对我毕业论文的悉心地全程指导。您做人如水包容万物、做事如山踏实稳重的风格，是学生一生学习的楷模！本书正是在我的博士学位论文基础上删减增补、完善而成的。

感谢华东师范大学发展心理学组李其维教授、陈国鹏教授、李晓文教授、邓赐平教授等在我博士论文答辩和评阅过程中的指导，更感谢陈国鹏教授无私地为本研究提供相关研究工具。感谢周永迪教授、杨治良教授、郭秀艳教授、徐光兴教授以及心理与认知学院所有老师们，谢谢你们为我们开设的精彩讲座，让我学习到了许多其他领域的最新知识进展。“所谓大学者，非谓有大楼之谓也，有大师之谓也”，能够得到华师大各位老师指点和教导是我一生莫大的幸事！

感谢张钘铭、孙连荣、张文心、王红梅在查找英文资料中的帮助。感谢同门马伟娜、刘俊升、王荣、刘肖岑、邓欣媚、张方晓、陆洋等，谢谢你们在生活上、学习上的帮助和指导，有幸能和大家有缘相识，和你们的每一次交流都让我受益匪浅。感谢同窗好友们，和你们一起学习、生活，其乐融融，终生难忘！

感谢爱儿坊幼儿学苑的校监闵柳燕女士和刘蓓园长、花园幼儿园的孙娜副园长、清潭第三幼儿园的谢非园长以及盛菊影幼儿园的马恪园长；感谢滕芳、是敏芝、吴谨等老师及还有许多不知姓名的带班老师们，更感谢每一位参与研究的天真活泼的孩子们。若没有你们，我的实验无法完成。感谢我的学生柳婧婷、吴青、赵华丹等承担了部分实验的主试，帮助我收集数据。若不是你们，一对一的幼儿实验不知何时才能完成。

多年来，我的硕士生导师周爱保教授亦师亦友，一直默默关注着我的成长，在工作和生活上给予了诸多点拨和提携。您的谆谆教诲我都铭记于心，并谨遵您的教导，认真做事、踏实做人！

感谢江苏理工学院副校长崔景贵教授，您远见的卓识、宽厚的胸襟、勤勉的个性深深地影响了我。正是您的鞭策与鼓励，使生性懒惰的我不断追求进步、提升自我。

感谢马建富教授、蒋波教授给我创造了很好的学术发展的平台；感谢蒋波教授、胡维芳教授、戴玉英副教授对我博士论文的仔细审阅，提出了您的宝贵建议；还要感谢教育学院老师们，谢谢你们对我学业上的点拨、工作上的指导和生活上的帮助，从你们身上我学到了许多。

感谢三仓出版策划有限公司的编辑李娜女士，您认真负责的工作态度、扎实深厚的专业素养为本书的出版做出了贡献。

最后要感谢我的家人，你们永远是我坚实的后盾、前进的动力和幸福的源泉。若不是你们的默默支持与奉献，就没有我今天的一切。还要特别感谢活泼可爱的女儿，她总是我的第一个实验被试，为我的研究提供了许多有价值的启示。

要感谢的人太多太多，感激之情即使用再华丽的语言来表达也显得苍白羸弱，我只能将你们对我的关爱与帮助永记心间，有朝一日滴水之恩当涌泉相报。

将此书献给那些我感激之人。

张长英

2018 年 8 月于常州紫荆苑